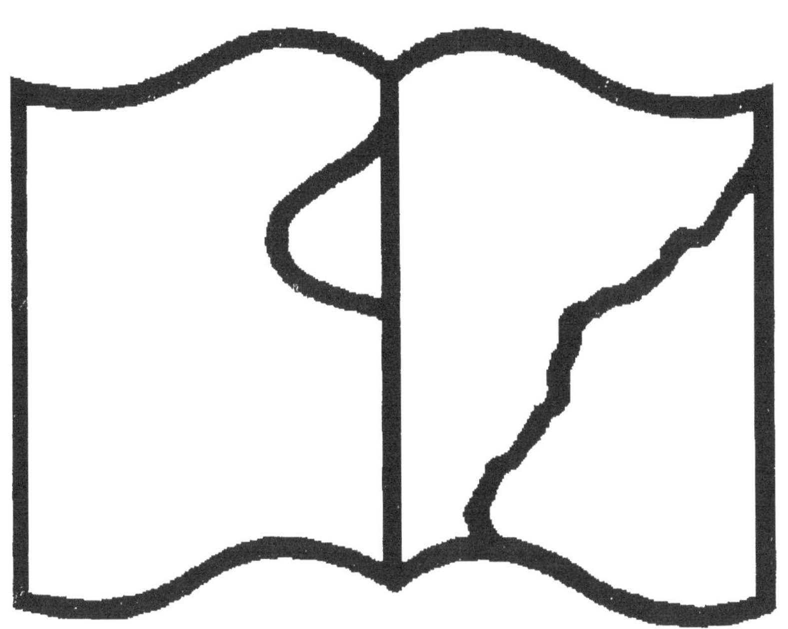

Texte détérioré - reliure défectueuse

NF Z 43-120-11

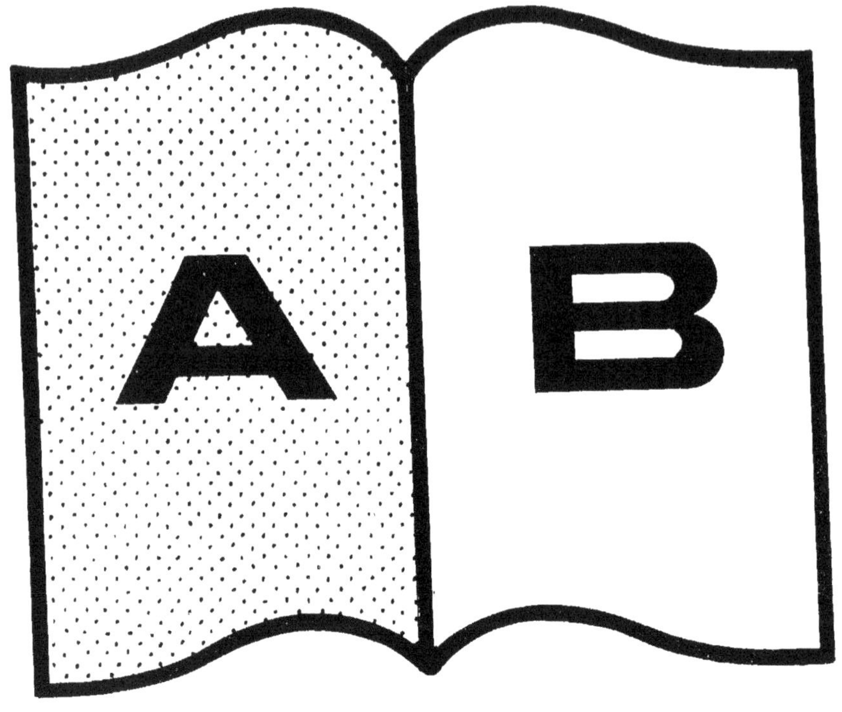

Contraste insuffisant

NF Z 43-120-14

648

TRAVERSÉE CENTRALE DES ALPES

PAR

LE COL DU GÉANT

(GRAND SAINT-BERNARD)

22158

TRAVERSÉE CENTRALE DES ALPES

PAR LE

COL DU GÉANT

(GRAND SAINT-BERNARD)

LIGNE DIRECTE

LONDRES-BRINDISI

AVEC

JONCTION A LA MÉDITERRANÉE

PAR LE

COL DE TENDE

BIBLIOTHÈQUE NATIONALE R.F. IMPRIMÉS

B[n] M. DE VAUTHELERET

INGÉNIEUR

V.-Président de la Société de Topographie de France,
Membre de la Société des Ingénieurs civils, de la Société de Géographie commerciale
de Paris, etc.

ABBEVILLE

A. RETAUX, IMPRIMEUR-EDITEUR

84, CHAUSSÉE MARCADÉ, 84

1890

PRÉFACE

En publiant ces nouvelles études, sur une percée centrale des Alpes, j'avais eu d'abord l'idée d'en envoyer les épreuves à quelques amis pour leur demander leur avis, puis de publier leur réponse en guise de Préface.

Mais en y réfléchissant, j'ai trouvé que ce mode d'agir pourrait présenter des inconvénients dont le principal est le scrupule qu'on a généralement à donner un avis motivé sur un travail long, ardu, et souvent embarrassant, quand on ne l'a pas pris « ab ovo », *pour le suivre dans toutes ses phases et en concevoir toutes les conséquences logiques.*

D'ailleurs, en m'adressant à des amis, je pouvais craindre que leur jugement ne devînt suspect, à cause même de leur affection. En soumettant la question à l'une des notabilités des pays traversés par la ligne, n'y verrait-on pas, à côté d'une compétence indiscutable, un intérêt personnel non moins prononcé? N'en serait-il pas de même d'un homme politique qui donnerait à la question la couleur de son parti, d'un financier qui passerait pour y trouver une affaire à lancer, d'une personnalité en vue, économiste, ingénieur ou savant qu'on pourrait taxer « d'intéressé » à la réussite de l'affaire?

Aussi, toutes réflexions faites, en guise de préface, ai-je résolu de présenter, ici, en quelques lignes, un résumé du travail contenu dans ma brochure.

Mes premières études relatives à une nouvelle percée des Alpes, remontent à 1869. En 1882 elles furent mises au jour, en 1887 officiellement autorisées, et aujourd'hui terminées! Ce qui surtout m'a encouragé à poursuivre mes travaux, c'est l'importance accordée à ce tracé par les divers Ingénieurs qui ont étudié la question. M. Collet-Maigret entre autres, dans un rapport adressé à M. Caillaux, alors ministre des Travaux publics, constatait que les échanges commerciaux avaient profondément révolutionné les relations internationales, et que le Gouvernement Français devait accorder seulement son appui à un projet qui, de Genève, irait en Italie en passant par la Haute-Savoie.

Il est certain, en effet, qu'aujourd'hui, loin de songer à entourer notre pays d'une muraille chinoise, notre rêve est d'ouvrir à tous le plus large essor à la circulation générale. A ce point de vue, le progrès ne peut plus s'arrêter. L'échange des produits exige un travail décuple et des moyens de transport toujours plus multipliés. Aussi ne cherche-t-on qu'à supprimer jusqu'aux derniers obstacles que la nature oppose aux libres communications internationales.

Malgré l'ouverture du Mont-Cenis entre la France et l'Italie, et celle du Gothard, toute en faveur de l'Allemagne, tant en France qu'en Italie le commerce et l'industrie souffrent d'une crise économique intense.

C'est en vue de la plus large circulation possible que nous avions consacré une première étude à une traversée des Alpes par le Col Ferret (grand Saint-

Bernard). Mais des considérations d'ordre particulier ayant empêché la Suisse française d'appuyer cette idée, qui était cependant tout à son avantage, je dus provisoirement abandonner ce projet pour consacrer tous mes efforts à la percée centrale du Col du Géant *qui n'est ni le grand Saint-Bernard, ni le Mont-Blanc, mais qui rendra à la France un trafic momentanément détourné, sans emprunter aucun territoire étranger. Une fois ce projet exécuté, le trafic du Nord aux Indes gagnerait en effet* 150 *kilomètres sur la voie du Gothard !*

La ligne complète de Cluses (Haute-Savoie) à Aoste (Italie) aurait une longueur totale de 101 *kilomètres. Elle serait à deux voies, en un terrain bon et solide, car les études géologiques ont démontré que l'assiette serait établie dans d'excellentes conditions. Les rampes n'atteindraient pas* $0^{m},023$ *par mètre. Le grand tunnel de faîte n'aurait que* 12 *kilomètres de longueur, avec des températures, au centre, ne dépassant pas* 29°.

Enfin, en moins de quatre années, la ligne pourrait être ouverte à la circulation.

Quant aux dépenses elles seraient en totalité de 95 *millions; dont plus de la moitié se composerait* de subventions accordées d'une part par l'Etat, les Provinces et Communes d'Italie, et d'autre part par l'Etat, les Départements et les Communes françaises.

Cette nouvelle voie permettrait de réduire notablement les frais de transport, et par ce fait, d'en faire profiter largement le commerce et l'industrie ; d'un côté par le Col de Tende, en débouchant sur la Méditerranée, ce qui accentue notre trafic avec l'Orient, et de l'autre sur l'Adriatique pour le Nord et par Brindisi, sur la route des Indes.

En un mot, la ligne du Col du Géant est incontestablement la plus directe, la plus centrale, la moins coûteuse, celle qui serait construite la plus rapidement et qui dans les circonstances actuelles, rendrait au commerce et à l'industrie de notre pays, toute leur supériorité traditionnelle.

M. de VAUTHELERET,
Ingénieur.

Paris, Janvier 1890.

TRAVERSÉE CENTRALE DES ALPES

PAR LE

COL DU GÉANT

(GRAND SAINT-BERNARD)

CHAPITRE PREMIER

Considérations générales.

L'Europe est partagée en deux régions bien distinctes par l'immense barrière des Alpes et des Pyrénées. De tout temps, les populations du Nord ont émigré du côté des pays du soleil, tandis que celles du Midi, plus avancées et plus puissantes, se répandaient vers le Nord pour y imposer leurs lois, y soumettre de nouveaux sujets ou y conquérir de vastes territoires.

Et telle était la force d'impulsion de ces populations avides, barbares et ambitieuses que les plus hauts remparts de la nature ne réussissaient pas à les arrêter.

Les souverains, les généraux, les chefs de peuplades barbares, franchissaient alors les plus abruptes défilés des montagnes en envahisseurs, l'épée ou la hache à la main, dans un unique but d'extermination, de dévastation, de pillage et de guerre.

Aujourd'hui que les populations se sont fixées sur le sol et civilisées, elles ne cherchent plus à communiquer entre elles que pour l'échange pacifique de leurs produits et de leurs richesses.

Et ce sont les ingénieurs qui, au lieu de franchir les masses rocheuses, passent au travers, après les avoir percées, non plus en vue de la guerre, mais uniquement en vue de la paix universelle.

Il est certain que l'invention des chemins de fer a non seulement modifié, mais profondément révolutionné les relations internationales. On s'étonne même que ces nouveaux moyens de transport, assistés encore par les communications télégraphiques, n'aient pas exercé une action plus profonde et plus radicale sur l'ensemble de la politique internationale.

Mais ceci c'est la question de l'avenir, et c'est un point sur lequel nous n'avons pas même à faire allusion.

Lors des premiers pourparlers en faveur de l'établissement du nouveau mode de locomotion au moyen de la vapeur et des rails, un homme d'Etat opposa au promoteur des chemins de fer, M. Stéphenson, cet argument : — « Et si votre train allait rencontrer un bœuf sur la voie, à l'instant de son passage, qu'arriverait-il ? — Dans ce cas, répondit Stéphenson, *tant pis pour le bœuf !* »

Cette saillie était le mot de l'avenir, l'affirmation de la science vis-à-vis de la nature et des difficultés qu'elle peut présenter à la circulation rapide et générale.

Le progrès, de nos jours, ne s'arrête pas plus devant les isthmes que devant les masses rocheuses, et sépare les continents comme il réunit les contrées situées sur les deux versants opposés d'une chaîne montagneuse.

La force qui a présidé à l'accomplissement de ces prodiges est à la fois énergique, pacifique et bienfaisante à l'humanité.

Une fois lancé sur cette pente, le nouveau monde ne peut plus désormais s'arrêter. Précipité par la concurrence, l'échange des produits exige un travail décuple et des moyens de transport de plus en plus multipliés. L'échange instantané des idées implique la transmission la plus rapide des produits industriels et l'accélération forcée des transactions commerciales.

C'est pour cela que deux fleuves sont mis en communication par un canal, deux mers par la percée d'un isthme, deux versants par un tunnel. A travers ces nouvelles voies la fourmilière humaine s'agite avec une rapidité toujours croissante, s'empare des recoins les plus inexplorés de notre globe, et répand partout et sur tous les bienfaits de la terre et du travail.

C'est en vertu de ces considérations que nous allons examiner les moyens les plus propres à rapprocher l'Occident de l'Orient le plus extrême, en supprimant les obstacles que la nature oppose encore à leur libre communication.

L'ouverture de l'isthme de Suez a été le premier pas fait dans cette voie en supprimant l'immense détour que la navigation avait à accomplir autour de l'Afrique pour atteindre les Indes Orientales. Cette ligne d'amorce a stimulé l'activité de la France, de l'Angleterre, de la Belgique, de la Hollande, de l'Allemagne en vue d'une espèce de « steeple-chase » international, dont le point d'arrivée était toute la côte méridionale de l'Asie jusqu'à la Chine et au Japon.

La France et l'Italie ont ouvert la première voie par le Mont-Cenis, l'Allemagne s'est empressée de les imiter en perçant le tunnel du Gothard, et elle est arrivée à dépasser le transit du Mont-Cenis.

Et cela est si vrai que souvent des encombrements ont lieu aux gares frontières du Gothard ; les marchandises doivent subir des retards de plusieurs jours (1).

Il faut donc une percée centrale internationale qui rétablisse l'équilibre en faveur de la France et de tout le commerce du Nord-Ouest, en ramenant sur le réseau français le grand trafic d'Occident en Orient et en réalisant ainsi une revanche pacifique, industrielle, puissante et efficace.

C'est aux moyens d'arriver à ce résultat que nous allons consacrer l'étude suivante.

1) Voir *le Mouvement des Trains* de janvier (1887-1888-1889).

CHAPITRE II

Etat de la question

Depuis l'établissement des chemins de fer les relations commerciales et internationales sont devenues si impérieuses et si multipliées que désormais aucun obstacle naturel ne saurait leur résister. Grâce à la vapeur on parcourt les mers avec une rapidité et une sûreté toujours plus grandes. Pour éviter quelques mille lieues de détour, on sépare les continents, et sur terre, on traverse les montagnes sans reculer devant la dureté du granit et l'épaisseur des massifs.

C'est ainsi qu'en Europe le Nord et le Midi sont mis en relation à travers les Alpes. Aujourd'hui, six lignes relient la France, l'Allemagne, l'Autriche, la Suisse et l'Italie, ce sont : la ligne de Nabrasina côtoyant l'Adriatique, le chemin de Pontebba, la ligne du Brenner, le Mont-Cenis, le Gothard, et l'Arlberg.

Dans quelles conditions arrive-t-on à traverser de pareilles masses rocheuses? Les anciens eussent-ils réussi à le faire? On peut en douter. Sans doute ils ont accompli à force de bras des travaux gigantesques tels que les pyramides, les aqueducs romains et mêmes quelques galeries souterraines telles que le tunnel de Semiramis à Babylone et celui d'Agrippa sous le Pausilippe.

Mais, en présence des travaux actuels, les bras ne suffisent plus. Les machines elles-mêmes, telles que les béliers mûs par des milliers d'ouvriers, ne parviendraient pas à ouvrir des brèches dans des murailles naturelles de quelque vingt kilomètres d'épaisseur. Seules, les grandes forces modernes, la simple vapeur d'eau et la poudre ont réussi à centupler les forces humaines à tel point que rien ne peut plus leur résister.

Dès 1803, lors de l'établissement du canal de Saint-Quentin, on creusa plusieurs tunnels dont l'un n'a pas moins de 5,676 mètres de longueur sur 8 mètres de largeur, puis celui de la Nerthe sur le chemin de fer d'Avignon à Marseille dont la longueur est de 4,638 mètres.

Mais les tunnels Alpins exigeaient des moyens plus rapides et plus puissants de perforation et de ventilation.

C'est lorsqu'il s'agit de pratiquer le passage du

Mont-Cenis, entre Fourneaux et Bardonnèche que les Ingénieurs Grandis, Grattoni et Sommeiller, eurent l'idée d'employer leurs compresseurs à choc qu'ils venaient d'appliquer à Gènes pour la traction des trains par l'air comprimé. Sommeiller reprit et perfectionna le perforateur que venait d'inventer l'Anglais Bartlett et fut chargé de l'exécution du Tunnel qui, commencé en 1857, fut terminé en octobre 1871.

Ces machines ont subi encore de notables perfectionnements au Gothard et ont réduit le coût de la perforation à moins de 4,000 francs le mètre, grâce à l'expérience acquise, à la vitesse d'exécution et à la réduction des dépenses.

Le tunnel du Gothard de 14,912 mètres 40 centimètres de longueur, commencé en 1872, a été terminé en huit ans le 29 février 1880.

Vis-à-vis de la concurrence du Gothard qui s'affirme de jour en jour davantage et menace notre commerce et notre industrie, il s'agit d'aviser par les moyens les plus prompts possibles à ouvrir une nouvelle voie à notre trafic international.

Les lenteurs dont souffre notre projet par le Col Ferret et qui proviennent soit de l'apathie des gouvernements suisses, soit de compétitions purement spéculatives nous engagent à proposer le *corollaire* dudit projet qui, partant de Calais, par Paris et Dijon, irait rejoindre la ligne primitive de la Vallée d'Aoste à Ivrée, Plaisance et Brindisi, par une voie même plus courte et absolument tracée sur les territoires français et italien.

Comme nos projets du Saint-Bernard (Col Ferret) ou du Col du Géant ont toujours le même objectif, c'est-à-dire la grande voie des Indes et la ligne la plus directe entre le Nord de la France et Brindisi, nous nous sommes mis à nouveau à l'étude d'un projet que nous avions, il y a vingt ans, indiqué déjà, mais momentanément délaissé à cause de trop grandes difficultés techniques que les expériences du Mont-Cenis, du Gothard et de l'Arlberg ont réduites, depuis, à de minimes proportions.

Reprendre et soutenir le projet du Mont-Blanc, proposé jadis par les ingénieurs de Lépinay, E. Stamm, J. Borelli, Chabloz, Docteur Vagneur, Sénateur Chardon, Martinet, Chanoine Bérard, et autres, paraissait d'abord indiqué, mais il fallait faire la part des justes critiques que nous lui avions jadis adressées; nous confessons que nous avons le seul mérite de profiter des erreurs de tous et de nous-même. Du reste, il nous était impossible d'admettre le tracé tel qu'il était présenté et dont les principaux inconvénients étaient un tunnel de faîte de près de 20 kilomètres, des difficultés techniques presque insurmontables, des températures excessives dépassant 50 degrés au milieu du tunnel, des pressions considérables qui seraient exercées dans les cassures du sol par les glaciers mouvants qui domineraient le tunnel, enfin l'énorme dépense projetée se montant à plus de 180 millions !

Dans de pareilles conditions il était difficile aux premiers promoteurs du projet de trouver des adhérents et de mener à bien une entreprise aussi colossale.

Aujourd'hui, en revanche, de nouvelles études plus approfondies et plus pratiques, des recherches suivies sur la détermination des chaleurs souterraines, des contrôles nombreux sur les perfectionnements des machines, enfin des statistiques sur les distances virtuelles nous permettent de supprimer les grands inconvénients dont il vient d'être question et de résoudre les problèmes ardus qui s'opposaient au plan primitif.

C'est en vertu de ces considérations multiples que nous demandâmes et obtînmes du Gouvernement Italien, à Rome, par Décret ministériel en date du 27 août 1887, l'autorisation de terminer nos études définitives pour une ligne qui joindrait par un tunnel alpin les vallées de la Doire en Italie, et de l'Arve en Haute-Savoie.

Nos études définitives indiquent que, entre Cluses (France) et Aoste (Italie), points de raccordements, les rampes n'atteindront pas 23 millimètres : les distances entre les grands centres seront beaucoup moindres que par les autres passages projetés ; le grand tunnel de faîte sera réduit à une longueur de 12 kilomètres au lieu de 20, des moyens réfrigérants scientifiquement établis, obvieront aux températures trop élevées et rendront l'opération du forage facile et sans danger pour les ouvriers, et enfin le coût de la ligne : « grand tunnel et abords sur territoires Français et Italien, » ne dépassera pas la somme maximun de 95 millions, y compris tous intérêts, administration, faux frais, personnel, etc... de Cluses (Haute-Savoie) à Aoste (Italie).

C'est ce que nous nous chargeons de démontrer dans ce travail afin de faire comprendre dans quelles conditions nous présentons un projet longtemps mûri, car nous avons profité de tous les blâmes adressés à nos devanciers et à nous-même.

Nous croyons fermement à la réalisation de notre projet central des Alpes auquel nous donnons le nom de « Col du Géant » ligne directe d'Annemasse à Aoste.

Certes, notre tunnel ne passe pas *sous* le Col *même* du Géant, mais il passe *près* de ce col, et si nous avons choisi ce tracé, c'est à cause des moindres températures que nous y rencontrerons. Si l'on nous objecte que notre tracé est appelé improprement : « Col du Géant, » nous répondrons que le tunnel du Mont Cenis devrait s'appeler : « Fréjus », celui du Mont Blanc : « Mont Maudit, » celui du Simplon : « Mont Léone, » etc., etc.

D'après les nouvelles études que nous avons faites, le tunnel du « Col du Géant » ne présenterait point les difficultés techniques qui d'abord paraissaient s'opposer à sa réalisation.

Cette ligne internationale centrale n'en serait que mieux assurée et cela avec un trajet plus court de 150 kilomètres que la ligne allemande du Gothard.

L'adhésion et l'appui de l'Italie sont acquis à ce projet, cette puissance ayant déclaré ne vouloir s'intéresser à une nouvelle percée des Alpes qu'à la condition expresse que le Tunnel de faîte déboucherait sur son territoire.

De même cette nouvelle ligne serait soutenue par la France qui n'aura plus à faire de détour sur territoire étranger, comme par exemple la ligne projetée du Simplon, doublure du Gothard. La ligne par le Simplon sortant de France pour entrer en Suisse et en sortant pour entrer en Italie.

Notre tracé au contraire passerait directement de

France en Italie sans emprunter le territoire étranger.

Telles sont donc, en lignes générales, les conditions du projet que nous présentons aujourd'hui à l'appréciation des Gouvernements intéressés, des Ingénieurs, des Commerçants, des Industriels qui attendent avec impatience les moyens d'obvier à la funeste concurrence du Gothard, et de ramener sur nos réseaux la grande ligne de Calais à Brindisi, véritable débouché des Indes et de l'Extrême-Orient.

CHAPITRE III

Topographie des Alpes Cottiennes et des Alpes Graies.

Ces deux puissants groupes s'élèvent entre les Alpes Pennines, au Nord, et les Alpes Maritimes, au Midi. Ils forment ensemble la partie la plus centrale à traverser sur la route directe de Calais à Brindisi et c'est là qu'il s'agit de trouver le point le plus facile à percer pour y faire passer la grande ligne internationale du Nord-Ouest au Sud-Ouest.

Entre les Alpes Cottiennes (1) et les Alpes Graies, quatre vallées principales mettent l'Italie et la France en communication.

Ce sont :

La vallée de la *Dora Riparia*, par laquelle on

(1) C'est sous le règne de Cottius, roi des Ségusiens, préfet d'Octave Auguste, que ce que l'on appelait alors Alpes Taurines prit le nom d'Alpes Cottiennes.

pénètre de l'Italie dans la vallée de la Durance et dans celle de l'Arc ;

La vallée de la *Stura de Lanzo* qui aboutit à la vallée supérieure de l'Arc ;

La vallée de l'*Orco* qui conduit aux vallées supérieures de l'Arc et de l'Isère ;

Et enfin, la vallée de la *Doire-Baltée* qui communique avec celle de l'Isère et qu'un tunnel sous « le col du Géant » mettra en communication avec la vallée de l'Arve.

Les principaux passages de cette chaîne sont : 1° *le Mont-Genèvre* qui ouvre une communication facile entre Briançon dans la vallée de la Durance, et Césanne dans la vallée de la Dora-Riparia.

Napoléon Ier y fit construire une route nouvelle sur l'emplacement de l'ancienne. Ce passage (altitude 1,849 mètres) avait d'ailleurs été pratiqué, dès l'antiquité la plus reculée. Suivant quelques auteurs, Annibal l'aurait traversé l'an 218 avant Jésus-Christ. Quant aux Français, ils le passèrent et le repassèrent à plusieurs reprises, Charles VIII en 1494, Louis XIII en 1629 et le maréchal de Belle-Isle en 1747, lorsqu'il tenta de pénétrer en Italie par le col de l'Assiette avec les Franco-Espagnols.

2° *Le col du Mont-Cenis*, haut de 2,064 mètres, traversé par une magnifique route qui conduit de

Saint-Jean-de-Maurienne, dans la vallée de l'Arc, à Suse, sur la Dora-Riparia, et met en communication directe Lyon et Genève avec Turin.

Commencée par ordre de Napoléon en 1803, elle fut terminée en 1813.

Sous les Romains, Marius, Pompée et Constantin franchirent le Mont-Cenis avec leurs troupes ; ce passage servit aussi à Pépin et à Charlemagne pour pénétrer en Italie.

Au-dessus du col s'élèvent de hautes cîmes d'environ 3,500 mètres chacune, telles que la Rouche, la Roche-Michel et la Roche-Melon. Sur le plateau se trouve, à 1,913 mètres au-dessus de la mer, un lac poissonneux de 2 kilomètres de long sur 1 de large et dont la profondeur dépasse 30 mètres à certains endroits. On n'y trouve plus, comme végétation, que quelques rares bouleaux et sapins, mais on croit qu'autrefois le plateau fut couvert d'arbres qui auraient été réduits en cendres, d'où le nom de *Mons-Cinerum* ou *Mont-Cinisius* lui serait resté.

Au bord du lac s'élève l'hospice, à 1,939 mètres d'altitude. On attribue sa fondation à Louis le Pieux et à Lothaire Ier, son fils. Il fut restauré et augmenté par Napoléon.

3° Le *col de Fréjus*, entre Bardonnèche et Modane, qui a 2,541 mètres d'altitude, est celui dans lequel a été pratiqué le grand tunnel des Alpes Cottiennes, appelé ordinairement tunnel du Mont-Cenis.

On peut citer encore le *col de l'Assiette*, célèbre par la bataille qui y eut lieu en 1747 entre les Piémontais et les Autrichiens réunis contre les Français commandés par le maréchal de Belle-Isle ; le camp de Catinat se trouve au-dessus de Fenestrelles où ce général hiverna en 1692 avec 10,000 hommes pour défendre les forteresses de Pignerol et de Suse.

La multiplicité même de ces passages montre que c'est au massif du mont Dolent que la chaîne faîtière présente sa base la plus étroite, relativement à sa hauteur. Cette base minimum qui correspond presque au point culminant de la montagne n'a que 11 à 12 kilomètres d'épaisseur à l'altitude de 1,200 mètres et 14 à 15 kilomètres, à l'altitude de 1000 à 1100 mètres.

Aux mêmes hauteurs tous les massifs alpins sont plus larges ; ceux du Mont-Rose et de la Jungfrau, par exemple, ont de 50 à 70 kilomètres d'épaisseur.

Aussi, en raison de la topographie de cette chaîne des Alpes, est-il admis qu'une percée est facilement praticable entre le petit et le grand Saint-Bernard.

Entre les Houches et Chamonix, il suffit de pénétrer dans la montagne par le petit bois qui borde la rive droite du glacier des Bossons et de sortir par les rochers situés entre le glacier de la Brenva et près le village d'Entrèves.

Nous verrons par la suite de cette étude le bien fondé de ces assertions.

CHAPITRE IV

Historique des passages Alpins.

C'est au célèbre de Saussure, le plus ancien explorateur scientifique des Hautes-Alpes, le savant géologue dont on vient seulement d'honorer, la mémoire en lui élevant un monument à Chamonix, qu'on doit la première idée d'une percée à travers le massif du Mont-Blanc. Cette proposition resta à l'état de simple rêve de savant jusqu'en 1814, époque où la commune de Courmayeur, invitée par le gouvernement de la maison de Savoie nouvellement restauré, à exposer ses besoins et ses vœux, adressa à son souterrain une pétition demandant la construction, à travers le Mont Blanc d'une galerie qui reliât la vallée de la Doire-Baltée à celle de l'Arve.

Mais cette pétition ne parvint même pas au roi et fut renvoyée aux signataires avec cette apostille d'un commis de l'administration : « *Que ferait-on de tous ces déblais ?* ».....

En 1836 un médecin de la vallée d'Aoste, le docteur Vagneur, reprit de nouveau l'idée du percement du Mont-Blanc. Il eut le tort d'en faire une chanson, ce qui lui ôta toute valeur sérieuse, mais n'empêcha pas un avocat, M. Laurent Martinet, de demander, dès 1844, un percement des Alpes sous le Mont-Blanc.

Plus tard, vint M. l'ingénieur en chef des ponts et chaussées, de Lépinay, puis M. l'ingénieur E. Stamm qui soutint aussi la percée du Mont-Blanc et la présenta à la Société industrielle de Mulhouse.

En 1857, M. l'ingénieur Borelli présenta aussi un projet de percement des Alpes au Mont-Blanc, mais la commission scientifique ne voulut pas l'admettre à cause des chaleurs souterraines qui devaient être insurmontables.

Il serait difficile d'énumérer tous ceux qui ont soutenu de leurs paroles ou de leurs actes un projet de percée des Alpes tombant dans la vallée de la Doire. Nous ne pouvons cependant laisser sous silence les importantes publications faites par la Chambre de commerce et arts de Turin, sous la direction de M. le chevalier Locarni, son président; le discours de M. le député Cadolini, président de la Société des ingénieurs italiens, qui, en février 1887, fit à la Chambre des Députés à Rome un remarquable discours sur les différents passages Alpins, et concluait en priant le ministre, alors M. Genala, de prendre en sérieuse considération le passage du Saint-Bernard, c'est-à-dire la ligne internationale débouchant directement dans la vallée d'Aoste.

En juin 1888, M. le ministre des travaux publics Sarracco répondait à une interpellation sur le passage du Simplon en disant que : « la traversée du Sim-
« plon n'était d'aucune utilité pour l'Italie, et qu'une
« traversée des Alpes au Mont-Blanc ou au Saint-
« Bernard était beaucoup plus utile que celle du
« Simplon, doublure du Gothard. »

Enfin rappelons les appuis et les divers discours prononcés par MM. le sénateur Chardon, les députés Comte de Douville-Maillefeu, Pochon, etc., et en Italie les Députés Roux, Favale, Cibrario, Marazio, Guala, marquis Compans de Brichanteau, député de la Vallée d'Aoste, Conseiller Provincial et Communal de la Province et de la Ville de Turin.

C'est ce dernier qui, en grande partie, obtint du Gouvernement Italien, par ses démarches multiples, la prompte construction du Chemin de fer de la Vallée d'Aoste, dont nous pouvons revendiquer une parcelle de paternité, par suite de nos projets et publications de 1869 à 1880, avec la prise en considération de la construction d'Aoste à Courmayeur,

Aussi saluons-nous l'homme énergique qui représente en Italie les idées émises par tant d'hommes illustres.

Ce qui ramenait à l'idée de percer les Alpes dans ce massif, c'est que la Vallée d'Aoste a toujours offert des passages d'une haute valeur que les Romains surent fort bien apprécier. Leurs deux principales voies Alpines franchissaient l'une le Grand Saint-Bernard, l'autre le Petit Saint-Bernard. Par la première, ils atteignaient le Valais, d'où, contournant le Nord du Lac de Genève, ils gagnaient les Vallées de l'Aar et du Rhin. Par la seconde, ils aboutissaient dans les Vallées de l'Isère et du Rhône.

Tels étaient les rêves des ingénieurs lorsque M. Médaille, commissaire des Douanes à Bardonnèche, présenta au Gouvernement Sarde un mémoire dans lequel il proposait pour améliorer la route de Turin, en Savoie, de percer les Alpes sous le Mont Fréjus, entre Bardonnèche et Modane. Soutenu par Cavour, des Ambrois, Sismonda, Menabrea, il devait réussir malgré toutes les difficultés, car, répondait-il crânement aux objections :

« S'il y a de l'eau à l'intérieur du souterrain, elle « s'écoulera ; s'il y a du feu, on l'éteindra ; s'il y a « des abîmes on les comblera ; s'il y a des tempêtes,

« on les enfermera ; mais surtout qu'on ne vienne « pas dire que l'intelligence humaine ne peut dompter « la nature ! »

Aussi le projet de percement du Mont Cenis fut-il voté au Parlement Italien le 29 juin 1857.

Après dix ans de travaux dirigés, pour la partie principale, par les Ingénieurs Borelli et Capello, et pour les machines perforatrices par MM. Grandis, Grattoni, Sommeiller et Ranco ; le 25 décembre 1870 tomba la dernière barrière qui séparait les deux tronçons du souterrain. Puis on procéda à l'armement du Tunnel, et le 17 septembre 1871, les premiers trains portant les Commissions Française, Italienne et Suisse, traversèrent la montagne, pour prendre part à la fête d'inauguration du Mont-Cenis.

La première percée des Alpes entre la France et l'Italie était terminée !

Mais on ne tarda pas à s'apercevoir que cette voie était incomplète, au point de vue des intérêts internationaux, ne répondait guère qu'aux besoins purement régionaux du Midi et de l'Ouest de la France, et entravait par l'encombrement des gares, et par des retards inévitables, les transactions et les échanges.

Ces inconvénients se trahissent surtout depuis l'ouverture du Gothard, qui ne tarda pas à attirer, non seulement les produits Allemands, Anglais, Belges et Hollandais, mais même ceux de nos ports ou de nos industries du Nord et du Nord-Ouest. Car on remarqua bientôt que les produits Français, Anglais, Italiens, en passant par le Mont-Cenis n'arrivaient plus qu'en retard sur certains marchés et à des taux plus élevés que par le Gothard. Genève même, quoique placée au centre du courant commercial, a vu son importance disparaître d'une façon extraordinaire. Marseille est complètement mise de côté, car avec l'ouverture du Gothard, le port de Gènes, par sa position topographique, avancé dans les terres, a de ce chef une certaine supériorité sur Marseille. Bref, mille considérations diverses nous inspirèrent l'idée d'une nouvelle percée centrale par ou près le Saint-Bernard, qui devait ramener sur le réseau français le trafic international. Nous n'avons pas ici à rappeler les progrès qu'a faits cette idée et les adhérents qu'elle s'est attirés par ses avantages de situation directe et centrale, de facilité d'exécution et de conception rationnelle.

Depuis l'annexion de la Savoie à la France, la traversée Franco-Italienne fut de nouveau l'objet d'un rapport demandé sous le ministère de M. Caillaux à M. Collet-Maigret, alors Ingénieur en Chef de la Haute-Savoie.

Ce travail soumis à l'appréciation du Conseil général des Ponts et Chaussées a démontré que le passage d'un chemin de fer par ou près le Mont Blanc est préférable à tous égards à un passage par le Simplon, non seulement pour tous les rapports de la France, de l'Angleterre et de la Belgique avec l'Italie et l'Orient, mais encore et surtout en vue d'une dépense beaucoup moindre.

Le Conseil général des Ponts et Chaussées a déclaré en conséquence que : « *Sous tous les rapports, lors-* « *qu'il y aura lieu pour la France de s'intéresser* « *pécuniairement à un second passage des Alpes, la* « *préférence doit être accordée à la ligne qui join-* « *drait Genève à Aoste par la Haute-Savoie.* »

CHAPITRE V

Questions politiques, militaires et stratégiques.

Le but principal du gouvernement Allemand en subventionnant l'entreprise du Gothard avait été de s'émanciper de la France pour les voies de communication entre l'Orient et l'Europe occidentale.

Nous en trouvons la preuve dans la discussion qui eut lieu au Reichstag lors du vote sur la subvention que l'on devait accorder à l'entreprise pour la percée du Gothard.

Le fameux historien Sybel terminait son plaidoyer en faveur du projet, par ces paroles :

« L'Allemagne doit faire tous ses efforts, toutes « espèces de sacrifices pour se procurer avec l'Italie « une voie de communication qui, bien que ne tra- « versant pas dans toute sa longueur le sol de l'Al- « lemagne, passerait cependant sur celui d'une « nation neutre, et *ne serait plus*, *comme la ligne*

« *du Fréjus, dans les mains d'une grande puis-*
« *sance.* »

Évidemment, cette grande puissance ne pouvait être que la France, et il s'agissait, avant tout, pour les Allemands, de faire une sérieuse concurrence au Mont-Cenis.

Le prince de Bismarck parla à son tour dans le même sens quoique avec plus de diplomatie :

« La Confédération du Nord, dit-il, doit être pro-
« fondément convaincue qu'une nécessité politique
« réclame la formation d'une nouvelle et rapide voie
« de communication qui nous rattache à l'Italie ; il
« nous faut une voie *qui ne soit pas assujettie à d'au-*
« *tres nations*, ou, tout au plus, qui ne le soit qu'à
« un pays neutre comme la Suisse. »

Aussi l'ouverture du Gothard a-t-elle pleinement confirmé les prévisions de la politique allemande. C'était évidemment, sur le terrain économique, une attaque directe à la France, analogue à la guerre politique.

Il s'agit donc pour la France et l'Italie de combattre l'influence du Gothard et pour cela, il n'y a qu'un moyen c'est la création d'une voie centrale : « Calais, Plaisance, Brindisi », qui ramène le trafic de l'Angleterre, de la Belgique, de la Hollande, ainsi que de nos ports et de nos centres industriels du

Nord-Ouest sur le réseau français et sur la route de la Malle des Indes.

Du reste, Plaisance est, en Italie, le point de passage forcé de tout le trafic se dirigeant vers Brindisi et vers l'Ouest et *vice versa*, tandis que Calais est la clef du trafic partant des Iles Britanniques vers l'Italie et l'Asie.

C'est ce qui nous fait soutenir aujourd'hui si ardemment une ligne centrale alpine passant par les vallées de l'Arve et de la Doire-Baltée.

Une telle ligne est d'autant mieux indiquée que cette nouvelle percée des Alpes est environ à égale distance du Gothard et du Mont-Cenis.

Le passage par le Col du Géant, suivant la ligne directe Londres-Calais-Paris-Dijon-Dôle et la Faucille ferait gagner sur le Gothard une distance de plus de 150 kilomètres en reliant, suivant une ligne presque droite, Calais, Genève, Plaisance et Brindisi (1).

Mais une des plus grandes raisons qui plaide en faveur de ce passage alpin, c'est qu'il se trouve enclavé dans la zône neutralisée de la Suisse et de la Savoie septentrionale.

« Ces deux puissances, comme le dit M. le colonel

(1) Voir la carte ci-jointe.

« Richard dans son étude topographique et militaire « sur les percées alpines, ont les mêmes droits et les « mêmes devoirs défensifs. Elles ont hérité en com- « mun du titre de *Portier des Alpes* dont s'enor- « gueillissaient autrefois les ducs de Savoie.

Notre intérêt exige l'observation stricte des trai- « tés existants, ainsi qu'une entente cordiale sur les « deux rives du Léman. »

Certaines de ces questions politiques peuvent produire des discussions entre les populations de la Haute-Savoie et de la Suisse, mais si les traités de 1815 ont été maintenus, en 1860, lors de la cession de la Savoie à la France, il n'en est pas moins exact que la France peut faire manœuvrer ses troupes comme elle l'entend sur son territoire, quoique indiqué comme neutre par lesdits traités. Elle préférera donc toujours avoir une embouchure du tunnel des Alpes sur son territoire que d'être obligée d'aller le chercher au Simplon par exemple, comme l'indiquaient les promoteurs de ce passage alpin aussi inutile, aussi dangereux à la France qu'il le serait à l'Italie.

La tête Nord du tunnel du Col du Géant se trouvant sur territoire français, rendrait la défense de ce tunnel aussi facile que possible.

En tout cas il convient que la France maintienne le *statu quo* dans la question de neutralité savoisienne qui est la même que celle de la Suisse et qui résulte d'une faveur accordée par l'Europe en 1815, non à la Suisse, mais au *Roi de Sardaigne* dont la France a hérité aujourd'hui des droits et des devoirs.

En temps de paix, la France peut, comme sa voisine, faire manœuvrer ses troupes sur le territoire neutralisé, les faire changer de garnison et y construire des fortifications ou des bâtiments militaires.

En temps de guerre, la France peut occuper et défendre elle-même le territoire savoisien neutralisé, sauf, s'il y a lieu, à s'entendre avec la Suisse pour l'occupation temporaire de ce territoire par les troupes helvétiques.

Ainsi le « Col du Géant » se trouve protégé par la neutralité suisse assimilée par les traités de 1815 à celle d'une partie de la Savoie et renouvelée par le traité de réunion de la Savoie et de Nice à la France de mars 1860, en ces termes :

Art. 2. — « Il est également entendu que S. M. le « Roi de Sardaigne ne peut transférer les parties « neutralisées de la Savoie qu'aux conditions aux « quelles il les possède lui-même et qu'il appartien- « dra à S. M. l'Empereur des Français de s'entendre « à ce sujet tant avec les puissances représentées au « Congrès de Vienne qu'avec la Confédération helvé- « tique, et de leur donner les garanties qui résultent

« des stipulations rappelées dans le présent article. »

Or, ces conditions constituaient pour la Sardaigne un avantage certain, ainsi qu'il résulte du traité du 20 mai 1815, art. 8 ainsi conçu :

Art. 8. — « Les provinces du Chablais et du Faucigny et tout le territoire de Savoie au Nord d'Ugine, appartenant à S. M. le Roi de Sardaigne, feront partie de la neutralité de la Suisse, telle qu'elle est reconnue et garantie par les puissances.

« En conséquence, toutes les fois que les puissances voisines se trouveront en état d'hostilités ouvertes ou imminentes, les troupes de S. M. le Roi de Sardaigne, qui pourraient se trouver dans ces provinces se retireront et pourront, à cet effet, passer par le Valais, si cela devenait nécessaire ; aucunes autres troupes armées d'aucune autre puissance ne pourront traverser ni stationner dans les provinces et territoires susdits, sauf celles que la Confédération Suisse jugerait à propos d'y placer ; bien entendu que cet état de choses ne gêne en rien l'administration de ces pays où les agents civils de S. M le Roi de Sardaigne pourront aussi employer la garde municipale pour le maintien du bon ordre. »

Il en résulte que l'Europe a entendu par cet article donner :

1° Une charge à la Confédération helvétique en retour de la cession au canton de Genève de dix-sept communes (600 âmes environ) appartenant à la Savoie.

2° Une compensation au royaume de Sardaigne consistant à faire participer aux avantages de la neutralité Suisse les provinces savoisiennes du Chablais et du Faucigny ainsi que le territoire d'Ugine. Cette compensation était octroyée pour reconnaître l'abandon fait par la Savoie des communes de la banlieue genevoise, convoitées par le canton de Genève.

La neutralité du Nord de la Savoie est donc bien une condition onéreuse pour la Suisse et avantageuse pour le gouvernement sarde auquel nous avons vu que la France est substituée, en ce qui concerne la Savoie, par le traité de cession de 1860.

En résumé, le tunnel du « Col du Géant » serait parfaitement assuré de la neutralité de sa tête Nord.

Quand à sa tête Sud, sur territoire italien, elle se trouverait, en cas de conflit, dans les mêmes conditions que la tête de Bardonnèche au Mont-Cenis.

D'un autre côté, M. le sénateur Chardon invoque, en faveur d'une voie de grande communication internationale par les vallées de l'Arve et de la Doire-Baltée, les considérations suivantes :

« Les populations de France et d'Italie étant de

« même race, sans motifs de division, doivent rester « unies entre elles et, à coup sûr, la République « Française s'efforcera de resserrer ces liens d'a- « mitié. »

Il est vrai qu'à notre époque d'alliances hybrides, il ne faut pas trop compter sur ce point de vue sentimental de l'alliance des races latines.

Néanmoins, un tunnel alpin, franco-italien, ne présenterait pas plus de danger vis-à-vis d'un cas d'hostilité du côté de l'Italie que celui du Mont-Cenis.

La tête Nord de l'un comme de l'autre, se trouvant sur territoire français, serait très facile à défendre soit par des fortifications favorisées par la nature des défilés d'accès, soit même en faisant sauter ces tunnels.

A ce point de vue là, leur exécution ne présenterait aucun danger.

D'ailleurs, en dehors du point de vue stratégique dont nous venons de nous occuper, il ne faut jamais oublier que les perfectionnements apportés aux voies de communication internationales sont d'abord faits en vue de la paix, des bons rapports entre les nations voisines, de leurs échanges réciproques, et de leur mutuel développement.

Aussi, loin de songer comme les politiciens ou les stratégistes endurcis, à entourer chaque pays d'une muraille chinoise, nous serions bien plus disposés à rêver pour tous, l'échange le plus large des produits et des relations, convaincus que la vraie civilisation, basée sur les lois fatales du progrès, ne peut conduire les peuples européens qu'à l'exercice toujours plus général de la liberté.

CHAPITRE VI

Questions thermiques.

Outre la question de perforation, une des plus grandes difficultés des traversées alpines réside dans la haute température qui règne dans les souterrains par suite de la hauteur du massif montagneux qui les surmonte.

Il ne faut donc point se dissimuler que les chaleurs souterraines sont les points vulnérables d'attaques contre les longs tunnels alpins. Nous-mêmes, il y a peu d'années, nous avons combattu un passage sous le Mont-Blanc à cause des chaleurs intérieures qui s'y rencontreraient. Mais aujourd'hui, les expériences du Mont-Cenis, celles du Gothard, de l'Arlberg, etc., nous indiquent la voie à suivre.

Nous possédons les moyens d'obvier à ces inconvénients, en raison du tracé du tunnel et des études faites depuis ces dernières années, en vue de parer à cet inconvénient considérable pour la santé des travailleurs. Ceux-ci peuvent du reste aussi en atténuer eux-mêmes les conséquences en suivant l'hygiène prescrite, en se nourrissant bien, attendu qu'ils gagneront de bonnes journées, en prenant enfin des précautions pour éviter une transition trop brusque entre la température de l'intérieur du tunnel et celle de l'air extérieur.

A mesure que l'on s'enfonce dans le sol, chacun sait que la chaleur augmente en raison de l'état d'ignition du noyau terrestre, mais on n'a pas encore découvert la loi physique de cet accroissement.

Arago a bien posé d'une façon empirique que la température des roches augmente en moyenne de 1° centigrade par 30 mètres de profondeur; mais on rencontre des écarts si grands qu'on ne peut accepter son opinion comme une loi définitive.

Dans le percement d'un souterrain alpin, ce qu'il importe de savoir c'est si l'on peut prévoir quelle température interne atteindra la roche, et, par suite, dans quelles conditions thermiques pourra s'effectuer le travail et quels sont les moyens pratiques de remédier à ce terrible inconvénient.

Or, nous pouvons déjà en juger approximativement par les percées du Mont-Cenis et du Gothard qui donnent les résultats les plus concordants.

Au Mont-Cenis, de graves accidents se sont produits parmi les ouvriers lors de la construction du tunnel ; mais la période dangereuse du travail avait été atteinte depuis peu lorsque les deux galeries d'avancement se sont rencontrées. D'ailleurs on y prêta une médiocre attention à cause des graves événements qui se passaient alors en Europe.

La température maximum a atteint 29 degrés 5 centigrades, mais sur 300 mètres seulement, ce qui n'a pas permis aux inconvénients de prendre un caractère trop alarmant.

Au Gothard, les tableaux de contrôle et de statistique démontrèrent que la température dépassa 29 degrés, et a atteint au centre du tunnel 31 degrés.

D'autres causes viennent encore s'ajouter à l'effet de la température de la roche ; l'espace restreint où s'effectue le travail sur lequel il y a une trop grande agglomération d'hommes, les lampes des mineurs, les explosions de mines, etc., qui, accidentellement, augmentaient de 4 degrés la température. Généralement cette augmentation a été moindre de 1 degré 5, ce qui fait que la température maximum régulière a été de 32 degrés 5 au Gothard.

Est-il possible maintenant de prévoir la température que l'on rencontrera dans le souterrain proposé pour la nouvelle percée des Alpes? Sa position entre le Mont-Cenis et le Gothard, dans le même massif pour ainsi dire, ne peut-elle être soumise à la même loi que l'on a trouvée pour ceux-ci ?

Evidemment oui, jamais calcul basé sur des probabilités n'aura eu plus de chances de se vérifier.

Il est certain que les chaleurs souterraines ne peuvent être moindres au « Col du Géant » qu'au Mont-Cenis ou au Gothard, où le massif surplombant était sensiblement le même. Seulement, lors des travaux du Mont-Cenis et du Gothard, l'on avait bien su prévoir les fortes températures, mais non les moyens de les combattre.

Nous devons au travail consciencieux de M. l'ingénieur G. Ritter, un système de ventilation réfrigérant à air sec qui ne dépendra nullement des machines perforatrices, et qui réduira considérablement les chaleurs souterraines, puisque les essais faits à ce jour permettent de démontrer que les températures diminuent de 15 degrés au minimum !

Nous avons dit qu'au Gothard comme au Mont-Cenis il a été reconnu que les températures dangereuses commençaient à 30 degrés. Comme les formules qui ont déterminé les températures sont sensiblement les mêmes pour le Mont-Cenis et pour le Gothard, puisque, pour le Gothard, à l'arête du Castelhorn l'épaisseur du massif étant de 1,717 mètres, la température fut de 30 degrés 5, ce qui donnait un accroissement de 1 degré pour :

$\frac{1,717}{30,5}$ = 56 mètres, ci . . . . 56 mètres.

Au sommet du Glockenthürmli, l'épaisseur du massif est de : 1,565 mètres, la température fut de 29 degrés 5, soit un accroissement de 1 degré pour :

$\frac{1,565}{29,5}$ = 53 mètres, ci. . . . . 53 mètres.

Pour le Mont-Cenis, à la traversée de la chaîne des Alpes, le massif superposé était de 1,609 mètres, la température constatée fut de 29 degrés 5, soit un accroissement de 1 degré pour :

$\frac{1,609}{29,5}$ = 54,5 soit. . . . 55 mètres.

Soit donc 1 degré pour 55 m. en moyenne.

Au *Col du Géant*, le plus haut massif superposé serait, sous la cabane de Saussure,

3,564 — 1,254 = 2,310 mètres.

Soit donc $\frac{2,310}{55}$ = 42 degrés, soit une température excessive de 13 degrés maximum sur environ

5 kilomètres de parcours (la température dangereuse étant 29 degrés). C'est pour cette distance de 5 kilomètres surtout que nous appliquerons le système réfrigérant inventé par M. G. Ritter, système que les torrents et le voisinage des glaciers nous permettront d'employer économiquement.

Comme par ce système l'on obtient une différence de 15 degrés et que pour rester dans les conditions de limites normales, c'est-à-dire 29 degrés, il ne faudrait que 13 degrés, l'on peut se rendre compte ainsi que notre travail de perforation s'effectuera sans danger et d'une manière avantageuse pour les travailleurs du grand tunnel du « Col du Géant. »

CHAPITRE VII

Questions géologiques.

Les nombreuses observations faites depuis de Saussure jusqu'à nos jours par les plus célébres géologues donnent sur la nature des roches du massif alpin dont nous nous occupons les renseignements les plus précis, autant, du moins, qu'il est donné à la science moderne de les déterminer.

Ainsi le professeur italien Sismonda suppose que les roches de ce massif appartiennent à une seule et même formation, et il les divise en trois groupes :

1° Groupe de *l'anthracite supérieur* qui comprend l'arenaire micacée avec ses schistes et le quartzite.

2° Groupe de l'*Oolithe* qui comprend le calcaire et le plâtre.

3° Groupe de *l'anthracite inférieur* qui renferme le calcaire schisteux avec les schistes argileux métamorphosés.

Une discordance de couche se manifeste entre le calcaire schisteux du système d'anthracite inférieur et le calcaire siliceux, le plâtre et la dolomite qui représentent le liais supérieur et l'oolithe inférieur. Ce fait est général dans la chaîne des Alpes, et provient du système de voûte des couches.

La discordance entre le calcaire siliceux et le quartzite superposé, celui-ci étant presque vertical, peut être l'effet de la ligne de division ou *faille* qui traverse les Alpes dans le sens du Sud au Nord.

Le déplacement des roches, conséquence de la faille, est dans le sens de la hauteur, et la succession ne serait pas changée.

Telles sont les observations de M. Sismonda.

Voici, à son tour, comment M. Viollet le Duc, explique la configuration primitive de ce massif :

« La croûte terrestre refroidie au moment du plis-
« sement qui a formé le massif du Mont-Blanc n'avait
« pas encore atteint le degré de dureté qu'elle a acquis
« depuis.

« Elle conservait une certaine élasticité et mol-
« lesse soit qu'elle fût composée de matières suscep-
« tibles de se cristalliser par refroidissement lent, soit
« qu'elle eût reçu les couches épaisses des tiás, des
« terrains jurassique, néocomien, etc., demeurant
« encore à l'état mou et flexible.

« La protogyne dont se composent les parties les « plus élevées du massif, en se faisant jour entre cette « croûte qui, tout en s'épaississant et se refroidissant, « tendait de plus en plus à se contracter, refoula les « couches supérieures, les souleva, non comme si les « couches eussent été rigides et homogènes, mais en « les plissant, les tordant pour ainsi dire ou les fai- « sant glisser les unes sur les autres. »

Et plus loin :

« La protogyne qui aujourd'hui affecte des formes « prismatiques et même parfois une apparence stra- « tifiée, présentait, au moment du soulèvement, des « formes mamelonnées, comme font encore les gra- « nits du Morvan et des Vosges. Mais cette substance « dont l'apparence externe était d'immenses rognons, « en se cristallisant par refroidissement lent se con- « tracta et se divisa en laissant apparaître des sur- « faces de retraits suivant certains angles présentant « des formes prismatiques et pyramidales, »

Mais à côté de ces questions géologiques expliquant la forme du soulèvement Alpin (1), ce qui nous importe ici c'est de nous rendre compte des terrains que la ligne et surtout le tunnel projeté doit s'apprêter à traverser.

(1) Voir le plan en relief à l'Exposition universelle, salle des cartes du Dépôt de la guerre.

Les difficultés techniques à vaincre, les délais d'exécution et les sommes à dépenser sont évidemment en correlation directe avec la nature des roches dont sont formées ces montagnes à perforer.

Examinons donc la constitution géologique des masses alpestres à perforer au « Col du Géant. »

En Savoie, dans la vallée de l'Arve, en Piémont, dans les vallées de l'Isère et de la Doire-Baltée, sur le versant méridional du Valais, on trouve des schistes gris, verts à bélemnites, en hautes chaînes de structure compacte. Ailleurs cette assise a été déchirée par des roches cristallines : le granit, la protogyne, le gneïss qui s'élancent à de grandes hauteurs, sous forme d'éventails. Ainsi sont formés le Mont-Blanc, le Mont-Rose, le Mont-Cervin, etc...

Le massif des deux Saint-Bernard, par sa position et sa constitution géologique fait suite aux terrains de la Tarentaise et de la Maurienne. Les coupes faites aux deux extrémités de ce massif sont presque identiques. Les roches cristallines sont en contact avec le terrain jurassique. La coupe du massif où se trouvent le grand et le petit Saint-Bernard a beaucoup d'analogie avec celle du Mont-Chemin à Pierre-à-Voir, dans le Valais.

Les calcaires de la rive gauche du Mont-Dolent se

prolongent vers le Sud-Est et forment une arête calcaire qui unit la chaîne du Mont-Blanc avec les montagnes du Saint-Bernard, par la vallée d'Entrèves ou le Val Ferret.

Vers Entrèves apparait le terrain anthracifère qui se continue jusque vers Morgex.

De Courmayeur à Morgex on trouve principalement des calcoschistes assez compactes.

De Morgex à Aoste les roches rencontrées sont en majeure partie des calcoschistes comme à Pierre-Taillée, à Liverogne, à Arvier.

Ces calcoschistes, en perdant l'élément calcaire, passent aux micaschistes, à des quartzites micacés, etc... qui sont souvent *entremêlés entre eux,* forment une masse complexe, difficile à définir, comme vers Villeneuve, à Saint-Pierre, à Sarre.

Ainsi qu'on peut en juger par ce qui précède, la question « exécution » est singulièrement améliorée par la nature même de la constitution dans les masses anthracifères de la Doire.

Citons de grands bois de sapins et de mélèzes pouvant s'utiliser pour toute espèce de constructions.

En outre le tracé est presque constamment côtoyé par une des grandes routes de l'Arve et de la Doire, et le sommet est atteint de chaque côté par des chemins larges et praticables.

D'après M. Baretti, le tracé d'Aoste à la vallée de Chamonix est ainsi décrit géologiquement. De la ville d'Aoste jusqu'au Val-Veni, au pied du glacier du Géant, on rencontre surtout des schistes calcaires, quartzeux, micacés, connus sous le nom de calceschistes.

Mais c'est lorsque l'on rencontre la masse rocheuse, sous le grand tunnel, que la composition des couches devient importante.

On traverse d'abord 2,300 mètres de roches alternées de schistes alumineux et de calcaires schisteux. Puis viennent de 100 à 150 mètres de gneïss très cristallin, prélude de la masse protogynique présentant la même stratification.

Sur ces points-là, un revêtement serait nécessaire, soit à cause de la nature de la roche, soit à cause des infiltrations que l'on observe toujours au passage entre les roches hétérogènes.

On rencontrerait ensuite environ 5 kilomètres 500 mètres de protogyne, roche d'ailleurs facile à perforer et dont la solidité est telle qu'un révêtement n'est plus nécessaire.

A la protogyne succèdent environ 4 kilomètres de gneïss, de schistes amphiboliques, de micaschistes et de calcaïres cristallins. Ces rochers doivent présenter une très grande garantie de solidité.

Enfin le tunnel débouche dans la vallée de Chamonix au milieu de calcaires caverneux.

Quant aux infiltrations du tunnel, elles seront certainement importantes, quoi qu'en dise M. Baretti, mais nos précautions sont prises pour obtenir de nos machines un épuisement considérable puisqu'il pourra atteindre environ 150,000 litres à la minute.

Un phénomène qui se produit sur une grande superficie est fort remarquable dans ce massif, c'est le relèvement des couches du terrain contre le Mont-Blanc et les hautes cimes de son voisinage.

M. de Saussure avait dit :

« On peut conclure que le corps entier du Mont-
« Blanc (cette grande et haute montagne, toute sa
« cîme et toute sa base, tant au centre que du côté
« du Nord-Est) et même les bases avancées du côté
« de l'Italie sont toutes de granit (granit talqueux ou
« protogyne) excepté la baie de l'arête extérieure
« du côté du Sud-Ouest. »

Avec les moyens dont dispose aujourd'hui la science, non seulement le granit est facile à percer, mais comme le dit M. Baretti, il offre l'avantage de n'avoir pas besoin de revêtement. Malgré cela nos devis comportent un revêtement de 0^m46 en moyenne sur toute la longueur du tunnel.

CHAPITRE VIII

Avantages du nouveau tracé sur tous autres passages.

Dans une précédente brochure nous avons démontré que la ligne centrale des Alpes était forcément celle de la Malle des Indes, c'est-à-dire la plus courte de toutes, de Calais à Brindisi.

Passant par le « Col du Géant » elle diminuerait le trajet entre Calais, Paris, et Brindisi de plus de 150 kilomètres sur le Gothard.

Il est bon de constater que le Brenner est trop à l'Est, le Mont-Cenis trop à l'Ouest, et le Saint Gothard trop près du Brenner pour qu'aucune de ces percées devienne la vraie route internationale de Calais à Brindisi.

Plus les moyens de communications seront faciles, directs et rapides entre la France et les nations voisines, plus nous profiterons réciproquement des échanges du commerce et de l'industrie, du transit qui alimente les ports, et plus ainsi s'élèvera le niveau de la fortune publique.

Ce que nous avons toujours recherché dans notre étude c'est le point de vue des intérêts généraux car la traversée projetée par le « Col du Géant » est incontestablement la meilleure, non seulement pour les deux Etats qu'elle dessert directement, la France et l'Italie, mais encore pour la Suisse, l'Angleterre, la Belgique, la Hollande, la Bavière et les bords du Rhin.

Il suffit en effet de jeter un coup d'œil sur le massif des Alpes Graies et Cottiennes pour voir l'économie qui résulte de leur traversée, relativement à la diminution de parcours, de dépenses et de temps, et aux garanties dont son exploitation sera entourée.

L'avantage incontestable de la plus courte distance est acquis au nouveau tracé. Toutes les subtilités de langage, tous les groupements de chiffres, toutes les habiletés d'intérêts privés, la lutte même par les tarifs n'empêcheront pas la ligne droite de primer tous les autres projets mis en avant ; plus un tracé est direct et moins on se préoccupera des distances. Il est certain qu'une ligne en plaine est parcourue plus rapidement qu'une ligne en montagne ; mais, pour apprécier le moindre temps de parcours il ne suffit pas de mesurer les lignes sur une carte, il faut encore tenir compte des rampes et ne mettre en rapprochement les longueurs qu'après leur avoir appliqué un coefficient donné par le calcul.

On est donc arrivé à faire la distinction des distances mesurées sur les rails ou distances réelles et des distances virtuelles où l'on tient compte des pentes et des courts rayons,

La distance *vraie*, comme la distance *parcourue* sont l'une et l'autre en faveur du « Col du Géant ». On peut s'en convaincre à l'étude du tracé et des profils.

Nous démontrons, et ce, péremptoirement, que les distances virtuelles sont moindres par notre tracé que par celui du Gothard.

Il est bien certain, répétons-nous, que notre traversée des Alpes n'est point une ligne de plaine et que si, en théorie, 10 mètres de rampe par kilomètre équivalent à un travail de traction double, en pratique, — au moyen de nos machines puissantes et modifiées — les économies diminuent de moitié au moins, ce que la théorie nous apprend, du reste, dans une certaine mesure, bien entendu, les économies de traction ne pouvant compenser les dépenses de construction.

L'on nous objectera peut-être que les distances réelles ne peuvent être admises qu'après déduction faite du coefficient que donnent les ressauts brusques qui amènent les distances virtuelles à entrer en ligne de compte.

En cela tous les calculs sont encore en faveur du « Col du Géant » attendu qu'en comparaison de la ligne du Gothard nos rampes n'atteignent pas au maximum $0^{m}023$ par mètre, tandis que celles du Gothard sont presque uniformément de $0^{m}025$ à $0^{m}026$, par mètre sur près de 90 kilomètres, et atteignent $0^{m}030$ en certains endroits.

La ligne du « Col du Géant » est reconnue la plus courte et la plus centrale de toutes, ce qui lui assure l'important transit de la Malle des Indes, ainsi que des Malles belges et hollandaises. Elle neutralise complètement l'effet désastreux que produit le Gothard sur la France et amènera, au contraire, un grand développement de trafic pour les chemins français, en détruisant sur beaucoup de points la concurrence pernicieuse de la ligne allemande.

La ligne nouvelle que nous proposons est de beaucoup la moins coûteuse, sera de beaucoup la plus rapidement construite, son ouvrage capital ne présentant aucun de ces lourds aléas qui s'imposent pour l'exécution des autres traversées, avec leurs tunnels gigantesques.

Ce projet dont l'objectif à l'Ouest est Plaisance,

établira en outre un grand courant de relations commerciales vers l'Orient par l'isthme de Suez. Il correspond directement, à l'Est, à l'entreprise du tunnel sous la Manche, ou à la construction d'un pont sur ce bras de bras.

Il y a plus : lorsque l'on jette les yeux sur une carte des chemins de fer de la haute Italie et du Sud-Est de la France, l'on s'aperçoit que deux contrées importantes restent jusqu'à présent en dehors du réseau général.

Dans le Nord-Ouest, c'est la vallée de la Doire-Baltée ou d'Aoste qui remonte d'Ivrée jusqu'au pied du Grand Saint-Bernard. Dans le Sud-Ouest c'est le territ.ire qui, de Cuneo, s'étend vers le Col de Tende, longe le littoral méditerranéen, depuis Ventimiglia jusqu'à Oneglia, à l'Est, et qui, au Sud-Est, comprend toutes les Alpes maritimes, le Var et les Basses-Pyrénées.

D'un autre côté, en examinant la carte d'Europe, on voit tout de suite qu'une ligne pour ainsi dire droite est constituée par la voie ferrée qui part de Londres, traverse Calais, Paris, les Alpes, Plaisance et arrive à Brindisi. Par une déviandetio parcours, on tombe d'une part dans le Nord-Est, et l'on arrive directement d'autre part sur les côtes de l'Océan.

Au débouché Sud une véritable gravitation porte

les itinéraires sur la Méditerranée à Ventimiglia, et sur l'Adriatique, à Brindisi.

Dans l'état actuel, la branche du réseau qui se dirige vers le Nord-Ouest s'arrête brusquement à Aoste.

L'exécution des grandes lignes de chemins de fer de peuple à peuple, permet non seulement l'écoulement des produits nationaux, elle provoque aussi la mise en valeur de nouvelles richesses territoriales jusqu'alors inconnues ou improductives.

La branche du Sud-Ouest ne dépassant pas Cuneo (1), au mépris des immenses intérêts qui unissent ce territoire éminemment agricole à l'ancien comté de Nice et à tout le Sud-Est de la France, était réduite à prendre la voie fort longue de Savone, ou à emprunter les anciennes voies de communication qui, n'étant plus assez économiques, grèvent leurs produits de frais et de pertes de temps, et les empêchent de soutenir la concurrence que leur font les denrées similaires, venues par chemins de fer de contrées beaucoup plus éloignées.

Cette lacune dans les communications amène de grandes souffrances chez les populations non desservies, nuit au développement de la production, et

(1) Voir la carte ci-jointe.

enchérit la consommation, par suite du manque de concurrence et même de produits.

Outre l'importance propre qu'elles trouvent dans le développement agricole, industriel et commercial qu'elles impriment aux contrées qu'elles traversent, les deux lignes des Alpes « Col du Géant » et « Col de Tende », reliées par les lignes Cuneo-Turin-Chivasso-Ivrée-Aoste, apportent un regain de vitalité au commerce européen et procurent au Nord de l'Europe un immense débouché sur la Méditerranée.

Pour bien faire comprendre l'importance attachée à la ligne centrale des Alpes ayant un débouché sur la Méditerranée nous avons publié diverses brochures sur la ligne « Cuneo-Nice » par le Col de Tende.

Au risque de faire tort à notre modestie, mais afin de bien faire comprendre l'importance attachée à la construction d'une telle ligne, nous ne pouvons nous dispenser de reproduire au moins la partie finale d'une lettre, rendue publique, qui nous fut adressée par M. le Commandeur J.-B. Borelli, sénateur du Royaume d'Italie et ancien député de la Province de Cunéo :

« Dans vos larges vues d'ensemble, vous avez « relié la ligne « Cunéo-Nice » avec votre grandiose « projet d'une autre ligne internationale qui consti- « tuerait la voie la plus courte et la plus directe entre

« Londres et Brindisi, ligne de laquelle le chemin de « fer : Cunéo-Nice formerait un des plus impor- « tants embranchements, comme étant celui qui la « relierait de la façon la plus heureuse au littoral « occidental de la Méditerranée.

« Sa Majesté Humbert Ier, qui prend un si vif « intérêt à tout ce qui peut être d'une utilité réelle à « la nouvelle Italie, dont il est le souverain loyal et « bienfaisant, ne vous a pas caché son admiration « lorsque, dans l'audience qui vous fut accordée et « dans laquelle je vous ai présenté à Sa Majesté, « vous avez pu lui soumettre la carte topographique « sur la quelle étaient tracées les deux grandes lignes « reliées entre elles et projetées par vous.

« Sa Majesté vous a exprimé dans cette occasion « sa haute satisfaction en vous comblant d'éloges que « vous méritez certainement sous tous les rapports.

« Il ne me reste plus qu'à faire les vœux les plus « sincères pour que vos travaux soient justement « appréciés par le Gouvernement Royal.

« Dans cet espoir, je vous prie d'agréer, Monsieur « le Baron, l'expression des sentiments de ma plus « profonde considération.

« BORELLI GIAMBATTISTA.
« Sénateur du Royaume d'Italie. »

De tels projets basés sur l'intérêt général, demandent certainement beaucoup de temps et de persévérance, mais aboutissent généralement.

Si la ligne « Cuneo-Ventimiglia » est entrée dans sa période d'exécution, si, depuis le mois de juillet 1887 des trains partent journellement de Cuneo et vont déjà jusqu'à Robilante, si les travaux, en un mot, continuent régulièrement, nous pouvons, tout en en revendiquant la grosse part, certifier que notre persévérance dans la lutte est dûe à des amis, soutiens fidèles de l'œuvre, et pris dans tous les rangs de la société : Illustrations militaire et politique, Chambres de commerce, Conseils municipaux, etc.

La ligne projetée par le « Col du Géant », jonction de la ligne « Cuneo-Ventimiglia-Nice », ne saurait donc longtemps rester à l'état de projet, en raison de l'accueil favorable qu'elle reçoit de toutes parts ; cette ligne rentre d'ailleurs naturellement dans le système Plaisance-Brindisi d'un côté et Cuneo-Ventimiglia de l'autre.

CHAPITRE IX

Comparaison entre les divers passages Alpins.

Comme en toutes choses les chiffres parlent *clair*, nous indiquons ci-dessous les itinéraires « Paris-Plaisance » par les différents passages Alpins.

PAR LE GOTHARD. — Nous en indiquerons trois principaux :

1° Paris, Troyes, Belfort, Mulhouse, Bâle, Olten, Zurich, Rothkreuz, *Gothard*, Chiasso, Milan, Plaisance.

Total.......... 1.016 kil.

2° Paris, Troyes, Belfort, Mulhouse, Bâle, Olten, Lucerne, *Gothard*, Chiasso, Milan, Plaisance.

Total.......... 976 kil.

3° Paris, Troyes, Belfort, Mulhouse, Bâle, Olten, Aarau, Rothkreuz, *Gothard*, Chiasso, Milan, Plaisance.

Total.......... 972 kil.

Par le Mont-Cenis. — Nous en trouvons deux principaux :

1° Paris, Dijon, Macon, Lyon, Culoz, Chambéry, Mont-Cenis, Turin, Alexandrie, Plaisance.

Total.......... 1.044 kil.

2° Paris, Dijon, Macon, Bourg, Ambérieu, Culoz, Chambéry, Mont-Cenis, Turin, Alexandrie, Plaisance.

Total.......... 989 kil.

Quant à l'itinéraire de la ligne qui était projetée par le « Le Simplon », nous indiquons pour *Mémoire* le trajet qui serait le plus rapide : (?)

Paris, Dijon, Dôle, Pontarlier, Martigny, Sion, Simplon, Milan, Plaisance.

Total.......... 959 kil.

Les distances « *Calais, Brindisi*, par le « *Col du Géant* » sont aujourd'hui :

Calais, Amiens, Paris, Dijon, Bourg.....	752 kil.
Bourg, Bellegarde	64
Bellegarde, Annemasse................	38
A reporter.....	854 kil.

Report.....	854 kil.
Annemasse, Cluses....................	34
Cluses, Col du Géant, Aoste...........	101
Aoste, Ivrée, Santhia, Vercelli. Mortara, Plaisance, Brindisi...........	1.131
Total..........	2.120 kil.

Lorsque l'on aura construit le chemin de fer par « La Faucille », le parcours sera entre Calais et Brindisi de :

Calais, Amiens, Paris.................	297 kil.
Paris, Dijon.........................	314
Dijon, Saint-Claude, Annemasse.........	195
Annemasse, Cluses....................	34
Cluses, Col du Géant, Aoste............	101
Aoste, Ivrée, Santhia, Vercelli. Mortara, Plaisance, Brindisi............	1.131
Total..........	2.072 kil.

Enfin si l'on prenait la ligne droite (et inévitablement c'est ce qui aura lieu un jour) quittant Calais, passant à Blesmes, Tergnier, Champagnolle, *La Faucille*, Saint-Julien, *Col du Géant*, Aoste, Plaisance, Brindisi, le parcours total serait de 2,022 kilomètres, soit encore une économie de 50 kilomètres que l'on obtiendra.

Mais, pour le moment, prenant simplement la ligne

passant par Paris et le Col du Géant nous avons une distance de 2072 kilomètres ; comme par le Gothard la distance la plus courte par Paris est de : 2,178 kilomètres nous aurions encore par la ligne projetée du « Col du Géant », une économie de parcours de 106 kilomètres.

En somme cette économie de 106 kilomètres (actuellement) est considérable pour le commerce et l'industrie, vu les prix actuels des transports, puisque l'économie moyenne serait aux prix des tarifs, de plus de 8 francs par tonne.

De plus, comme temps, on économisera près de trois heures sur le Gothard, attendu le moindre parcours, mais surtout aussi à cause des moindres rampes à gravir.

Donc, distances : *Calais*, Paris, Plaisance, *Brindisi*, par :

Le Mont-Cenis	2.191 kil.
Le Gothard	2.177 —
Le Simplon..........................	2.164 —
Le Col du Géant	2.072 —

Soit : Économie de parcours sur :

Le Mont-Cenis........................	119 kil.
Le Gothard...........................	106 —
Le Simplon (ligne projetée) !............	92 —

Mais les exemples démontrant toujours péremptoirement le bien fondé des assertions émises, nous avons fait un travail sur les principaux itinéraires d'Europe. Ce travail est loin d'être complet, mais les quelques exemples suivants démontrent surabondamment combien la traversée par le *Col du Géant* aurait d'avantages sur tous les autres passages des Alpes, reliant le Nord de la France à la pointe extrême de l'Italie, nous trouvons les chiffres suivants :

Par LE MONT-CENIS

CALAIS, Amiens, Paris	297 kil.
Paris, Dijon, Modane	692
Modane, *Mont-Cenis*, Turin	106
Turin, Plaisance	188
Plaisance, **BRINDISI**	908
Total	2.191 kil.

Par LE GOTHARD

CALAIS, Paris, Belfort	740 kil.
Belfort, Mulhouse, Bâle	82
Bâle, Olten, Rothkreuz	95
Rothkreuz, *Gothard*, Chiasso	232
Chiasso, Milan, Plaisance	121
Plaisance, **BRINDISI**	908
Total	2.178 kil.

Par LE SAINT-BERNARD (Col Ferret)

CALAIS, Paris, Dijon	611 kil.
Dijon, Dôle	46
Dôle, Mouchard	32
Mouchard, Champagnolle, Vallorbes	74
Vallorbes, Lausanne, Martigny	106
Martigny, *Ferret*, Aoste	138
Aoste, Plaisance, BRINDISI	1.131
Total	2.138 kil.

Par LE COL DU GÉANT (Saint-Amour)

CALAIS, Paris, Dijon	611 kil.
Dijon, Saint-Amour, Bourg	141
Bourg, Bellegarde, Annemasse	102
Annemasse, Cluses	34
Cluses, *Géant*, Aoste	101
Aoste, Plaisance, BRINDISI	1.131
Total	2.120 kil.

Par LE COL DU GÉANT (Saint-Claude)

CALAIS, Paris, Dijon	611 kil.
Dijon, Saint-Claude, Annemasse, Cluses	2[illegible]9
Cluses, *Géant*, Aoste	101
oste, Plaisance, BRINDISI	1.131
Total	2.072 kil.

Par LE COL DU GÉANT (Faucille)

CALAIS, Arras	126 kil.
Arras, Tergnier	87
Tergnier, Reims	79
Reims, Blesmes	102
Blesmes, Gray	181
Gray, Labarre	39
Labarre, Mouchard	24
Mouchard, Champagnolle	38
Champagnolle, *Faucille*, Annemasse	80
Annemasse, Cluses	34
Cluses, *Géant*, Aoste	101
Aoste, Ivrée, Santhia, Vercelli, Mortara, Plaisance	223
Plaisance, BRINDISI	908
Total	2.022 kil.

Soit : Calais-Brindisi par :

LE MONT-CENIS	2.191 kil
LE GOTHARD	2.178
LE SAINT-BERNARD (Col Ferret)	2.138
LE COL DU GÉANT (Saint-Amour)	2.120
LE COL DU GÉANT (Saint-Claude)	2.072
LE COL DU GÉANT (Faucille)	2.022

Soit une Économie de Parcours sur :

LE MONT-CENIS	de	169 kil.
LE GOTHARD	—	156
LE SAINT-BERNARD (Col Ferret)	—	116
LE COL DU GÉANT (Saint-Amour)	—	98
LE COL DU GÉANT (Saint-Claude)	—	50

Les quelques itinéraires indiqués dans les tableaux suivants démontrent mieux encore nos assertions.

TRAJETS		ITI ES							DISTANCES KILOMÉTRIQUES.	ÉCONOMIES en adoptant NOTRE PROJET.
									kilomètres.	kilomètres.
		Paris.	Dijon.	Culoz.	Modane.	NIS.	Turin.	Plaisance.	2.101	169
CALAIS-BRINDISI........	par	Amiens.	Paris.	Belfort.	Bâle.	D.	Milan.	Plaisance.	2.177	155
		Blesmes.	Tergnier.	Chaumont.	Champagnol	GÉANT (Faucille).	Ivrée.	Plaisance.	2.022	»
		Paris.	Dijon.	Culoz.	Modane.	NIS.	Turin.	Mortara.	1.2 5	135
CALAIS-MILAN............	par	Arras.	Reims.	Belfort.	Bâle.	D.	Bellinzona.	Como.	1.200	90
		Blesmes.	Tergnier.	Chaumont.	Champagnol	GÉANT (Faucille).	Vercelli.	Mortara.	1.110	»
		Arras.	Reims.	Belfort.	Bâle.	D.	Bellinzona.	Novare.	1.285	265
CALAIS-TURIN............	par	Amiens.	Paris.	Macon.	Chambéry	NIS.	Bosoleno.	Turin.	1.095	75
		Blesmes.	Tergnier.	Chaumont.	Champagnol	GÉANT (Faucille).	Aoste.	Ivrée.	1.020	»
		Paris.	Dijon.	Culoz.	Modane.	NIS.	Turin	Alexandrie.	1.283	169
CALAIS-PLAISANCE.......	par	Arras.	Reims.	Belfort.	Bâle.	D.	Bellinzona.	Milan.	1.269	155
		Blesmes.	Tergnier.	Chaumont.	Champagnol	GÉANT (Faucille).	Vercelli.	Mortara.	1.114	»
		Arras.	Reims.	Belfort.	Bâle.	D.	Bellinzona.	Alexandrie.	1.451	265
CALAIS-GÊNES	par	Amiens.	Paris.	Macon.	Chambéry.	NIS.	Turin.	Alexandrie.	1.261	75
		Blesmes.	Tergnier.	Chaumont	Champagnol	GÉANT (Faucille).	Ivrée.	Turin.	1.186	»
		Arras.	Reims.	Belfort.	Bâle.	D.	Milan	Gênes.	1.865	180
CALAIS-ROME	par	Amiens	Paris.	Macon.	Chambéry	NIS.	Turin.	Gênes.	1.760	75
		Blesmes.	Tergnier.	Chaumont.	Champagnol	GÉANT (Faucille).	Turin.	Gênes.	1.685	»
		Arras.	Reims.	Belfort.	Bâle.	D.	Bellinzona.	Mortara.	1.252	179
CALAIS-ALEXANDRIE ...	par	Amiens.	Paris.	Macon.	Chambéry.	NIS.	Turin.	Asti.	1.185	112
		Blesmes.	Tergnier.	Chaumont.	Champagnol	GÉANT (Faucille)	Santhia.	Casale.	1.073	»
		Arras.	Reims.	Belfort.	Bâle.	D.	Bologne.	Rome.	2.125	180
CALAIS-NAPLES..........	par	Amiens.	Paris.	Macon.	Chambéry	NIS.	Gênes.	Rome.	2.020	75
		Blesmes.	Tergnier.	Chaumont.	Champagnoll	GÉANT (Faucille).	Gênes.	Rome.	1.945	»
		Arras.	Reims.	Belfort.	Bâle	D.	Turin.	Col de Tende.	1.473	265
CALAIS-VENTIMIGLIA ...	par	Amiens.	Paris.	Macon.	Chambéry	NIS.	Turin.	Col de Tende.	1.273	65
		Blesmes.	Tergnier.	Chaumont.	Champagnoll	GÉANT (Faucille).	Turin.	Col de Tende.	1.208	»

Entre Amiens et Plaisance l'économie du parcours serait encore de 169 ki et Rome de 156 kil.; entre Dunkerque et Brindisi de 156 kil.; entre Brindisi et Boulogne de 151 kil.; entre Nice et Anvers de 137 kil.; en et Plaisance de 82 kil., entre Lille et Brindisi de 91 kil.; entre Gênes et Dunkerque de 81 kil.; entre le Havre et Plaisance de 76 kil.; entre Bruxelles 75 kil.; entre Dijon et Gênes de 75 kil.; entre Amsterdam et Turin de 75 kil.; entre Turin et Anvers de 74 kil.; entre Rome et Boulogne de 72 kil ers et Brindisi de 59 kil.; entre Pise et Anvers de 52 kil.; entre Gênes et Amiens de 51 kil., etc., etc., etc.

Nous pourrions citer à l'infini

CHAPITRE X

Mouvement et Revenus.

Lors de notre publication sur le tracé du Grand Saint-Bernard (Col Ferret) en février 1884, nous démontrions combien les transactions entre l'Europe centrale et l'Italie étaient considérables, car nous répétons à satiété que plus il y a de moyens de locomotion, plus il y a de voyageurs.

Ainsi les relevés des statistiques nous apprennent qu'avant l'ouverture du Gothard il passait par les Alpes, chaque année, Splügen, Gothard, Simplon, Saint-Bernard, etc... environ 350,000 voyageurs.

Le Gothard est ouvert, et dès la première année, l'on compte pour ce passage seul 964,405 voyageurs ! chiffre extraordinaire puisque les prévisions étaient au maximum de 360,000.

La ligne du « Géant, » étant la plus *courte*, et par

conséquent la plus *directe* entre les grands centres d'Europe, sera choisie inévitablement (1).

Nous pouvons donc, sans que l'on nous taxe d'exagération, compter sur un mouvement de 500,000 voyageurs à l'année, soit environ moitié du Saint-Gothard, certains économistes ayant évalué sur des chiffres doubles.

Les tarifs adoptés en France et en Italie présentent trois classes de voyageurs, la première 0 fr. 10, la seconde 0 fr. 075, et la troisième 0 fr. 055 par personne et par kilomètre.

En prenant la moyenne classe soit 0 fr. 075, nous trouvons un rendement de 37,500 francs par kilomètre ; à ce chapitre nous ajoutons la partie bagages et messageries, soit une moyenne annuelle de 7,500 francs et il n'y a pas d'exagération lorsque l'on pense qu'il s'agit à peine de 0 fr. 015 par voyageur, ce qui fait en totalité : 45,000 francs.

Mais la source réelle des revenus pour tout chemin de fer n'est pas dans le nombre plus ou moins grand des voyageurs, mais bien dans le transport des marchandises à grande et à petite vitesse.

Le commerce comprend trois catégories principales de marchandises : Celles au poids, telles que le riz,

(1) Voir la carte ci-jointe et le transit affecté au « Çol du Géant » : Nantes, Genève, Mouchard, Amsterdam.

le vin, les céréales, etc... ; celles à la valeur, telles que le bois, le charbon, etc..., et celles à la pièce, comme le gros et le petit bétail, etc...

Entre la Suisse et l'Italie le transit est assez considérable, car la Suisse est un pays de passage, le transit au poids est de 230,000 tonnes ; celui à la valeur de 198,000 tonnes, et celui à la pièce de 350,000 têtes de bétail, soit 28,000 tonnes environ, ce qui nous donne un chiffre total de 456,000 tonnes de marchandises de toutes espèces. Le trafic entre la Suisse et l'Italie comprend la haute Italie, le Piémont, la Lombardie, le Nord de la Toscane, l'Emilie et la Vénétie.

Le mouvement, importation et exportation entre la France et l'Italie, est de 250,000 tonnes environ. Entre l'Angleterre et l'Italie, il dépasse 350,000 tonnes.

Entre l'Allemagne et l'Italie il est de 310,000 tonnes.

Entre la Hollande et l'Italie, il est de 32,000 tonnes enfin, 18,000 tonnes entre la Belgique et l'Italie ; nous comptons la moitié par eau pour ces trois dernières puissances.

En résumé, les importations et les exportations entre l'Italie, la Suisse, la France, l'Angleterre, l'Allemagne, la Hollande et la Belgique s'élèvent aujourd'hui à près de un million et demi de tonnes.

Le mouvement des marchandises par le Gothard dont les prévisions en principe n'étaient que de 360,000 tonnes au *maximum* atteignaient en 1885 un transport total de : 543,673 tonnes dont 465,800 tonnes rien que pour le transit international, tandis que le transit par le Mont Cenis diminue graduellement depuis 1882, ouverture de la ligne par le Gothard, d'une façon bien inquiétante et dangereuse, car si le Gothard donne passage en 1885 à : 543,673 tonnes de marchandises, le Mont Cenis ne transporte cette année que 193,541 tonnes, soit plus de 350,000 tonnes en faveur du Gothard !

L'on voit qu'il y a urgence à remédier à cet état de choses, c'est pourquoi nous préconisons si ardemment un nouveau passage central des Alpes par le Col du Géant, et que l'on peut sans exagération compter sur un transit de 400,000 tonnes (?) qui, au prix moyen de 0 fr. 075 la tonne produirait un revenu kilométrique de 30,200 francs auquel nous ajoutons les 45,000 francs pour le transport des voyageurs, des messageries et des bagages, ce qui fournit un total de 75,200 francs comme revenu brut.

Nous nous empressons de répéter que nos prévisions sont basées sur des données officielles et que le produit kilométrique de 75,200 francs pour une ligne de 100 kilomètres, et pour une ligne d'une importance surtout si exceptionnelle est loin d'être exagéré, lorsque nous voyons en France, sous nos yeux, la ligne du Nord qui donne un produit brut kilométrique de 59,000 francs; celle de P.-L.-M. 54,000 francs; celle de l'Ouest, 52,000 francs; celle de l'Est, 49,000 francs; soit une moyenne kilométrique de 53,500 francs; et qu'en Italie la ligne Turin-Gênes rapporte 78,000 francs, la ligne Milan-Turin 62,000 francs, etc... etc...

Bref pour le Gothard, le mouvement des voyageurs et des marchandises est en moyenne de 950,000 voyageurs de toutes classes, et 400,000 tonnes de marchandises, poids, valeur, pièces, soit en somme une recette totale de plus de 10,000,000 de francs.

Ces chiffres nous dispensent de tous commentaires lorsque nous ajouterons que ce revenu de plus de 10 millions de francs rénumère amplement au Gothard, les subventions des Etats intéressés déduites, un capital de 250 millions dépensés sur une longueur de près de 250 kilomètres, tandis que la ligne totale du « Géant, » de Cluses à Aoste, n'est que de 101 kilomètres, avec une dépense de 95 millions, au maximum, tout compris.

CHAPITRE XI

Description du Tracé.

La vallée de l'Arve, qui s'étend de Genève jusqu'à Argentières, présente sur son parcours des pentes diversement accentuées, depuis le régime tranquille jusqu'au régime torrentiel. Deux ressauts brusques, au coude de Servoz et vers les Houches, dûs certainement à l'action des glaciers primitifs en modifient profondément le cours.

Très ouverte dès son embouchure jusque près de Cluses, elle se resserre en aval de cette localité ; ses parois prennent une raideur presque à pic jusqu'au-delà de Magland et même jusque vers Sallanches.

A partir de cette ville, tandis que le flanc droit continue à se dressser dans des conditions presque impossibles pour le développement d'un chemin de fer à mi-côte, le flanc gauche forme comme une espèce de cirque vers Combloux avec des pentes relativement douces, cirque qui se termine par le massif de Tête-Noire, vers Joux.

A partir de ce point, nouvel étranglement, la vallée se resserre et présente un grand amoncellement de blocs vers les Chavants, elle s'élargit jusqu'à Chamonix, son flanc gauche est déchiqueté par les glaciers de Taconnaz et des Bossons.

Si l'on examine la pente moyenne de la vallée l'on trouve :

Entre Bonneville (445 mètres) et Vougy (457 mètres) sur environ 8 kilomètres, une pente d'environ 0 mètre 0015.

Entre Vougy (457 mètres) et Cluses (485 m.) sur environ 7 kilomètres, une pente d'environ 0 m. 004.

Entre Cluses (485 mètres) et Sallanches (610 mètres) sur environ 16 kilomètres, une pente d'environ 0 mètre 0140.

Entre Sallanches (610 mètres) et Saint-Gervais (800 mètres) sur environ 9 kilomètres, une pente d'environ 0 mètres 0210.

Entre Saint-Gervais (800 mètres) et les Houches (990 mètres) sur environ 10 kilomètres une pente d'environ 0 mètre 0190.

Entre les Houches (950 mètres) et la tête Nord du grand tunnel (1100 mètres) sur environ 9 kilomètres une pente de 0 mètre 0164.

Les conditions topographiques de la vallée de l'Arve montrent donc qu'il y a avantage pour un tracé de chemin de fer à suivre le plus longtemps possible le fond de la vallée, avec ses pentes douces, à ne commencer à s'élever sur ses flancs que lorsqu'il sera indispensable de le faire pour atteindre avec une déclivité raisonnable et admise pour les grandes lignes internationales l'orifice Nord du grand tunnel commandé d'autre part par les conditions de la vallée de la Doire-Baltée.

Ces considérations amènent à utiliser, de Bellegarde à Annemasse, la ligne ferrée passant par Saint-Julien, à bifurquer vers Annemasse, sans mettre à profit la ligne d'Annemasse à Annecy dont on avait cru pouvoir se détacher vers Saint-Laurent, ce point étant beaucoup trop haut, mais à suivre la ligne construite ou à construire jusqu'à Cluses.

Par décret ministériel, daté de Rome, du 27 août 1887, le gouvernement Italien nous a autorisé à compléter les études définitives de notre projet « Aoste-Courmayeur-Chamonix. »

Nos études actuelles sont à l'échelle de 1/10,000.

Notre projet définitif comporte toute la triangulation de ce passage des Alpes, et les études complètes au 1/1000.

Ceci posé, voici comment le tracé pourrait s'effectuer d'Aoste à Cluses :

Le tracé se détache de la station actuelle d'Aoste, laissant la ville sur sa droite, à la hauteur de ses anciennes murailles Sud.

S'infléchissant à droite, il traverse à niveau la route nationale un peu avant le château de Montfleuri. Il se développe ensuite le long des coteaux jusque derrière Sarre, il traverse le contrefort sur lequel s'élève le château du Roi, qu'il laisse sur la gauche, et pénètre en tunnel dans les rochers qui surplombent la route avant Saint-Pierre.

A la sortie de ce tunnel de 275 mètres le tracé se tient sur la droite de la route nationale, où l'on a ménagé la station de Saint-Pierre, pour la desserte des communes environnantes.

A la sortie de la station de Saint-Pierre le tracé s'infléchit à gauche, passe en tranchée sous la route nationale et gagne la Tour, en avant de laquelle il franchit la Doire sur un viaduc de 190 mètres de longueur pour se développer dans l'espèce de cirque qui s'étend jusqu'à Villeneuve.

Un tunnel de 290 mètres, sous les ruines du château, lui permet de traverser le contrefort rocheux sur lequel elles se trouvent. De là, il se développe sur le coteau qu'il remonte jusqu'au-delà du pont de la route, pour franchir ensuite le torrent de Rhêmes, à l'aide d'un viaduc de 110 mètres de longueur, et en s'infléchissant sur la droite, un peu avant le confluent avec le torrent Savara.

Le tracé passe alors sous le chemin de Villeneuve à Introd, traverse en remblais le vallon de Villes, et se développe sur le flanc gauche de la route jusqu'à Arvier, après avoir franchi, à l'aide de petits tunnels, une série de petits contreforts rocheux.

Un peu avant Arvier, le tracé traverse à niveau la route nationale, longe ce bourg, à proximité duquel a été ménagée une station.

Il s'infléchit ensuite à gauche, passe au-dessus de la route nationale, un peu avant Liverogne, et continue à se développer sur le flanc gauche de la dite route.

Après avoir traversé, à l'aide d'un tunnel de 130 mètres, le flanc droit du torrent de Valgrisanches, qu'il franchit sur un pont de 15 mètres, il pénètre dans le massif ou s'élève le hameau de Rochefort; un souterrain de 600 mètres l'amène en face Avise, pour remonter ensuite vers Ruinaz, où il arrive après avoir traversé un tunnel de 125 mètres, le contrefort saillant vers la Chapellé-des-Roches, et après avoir passé à niveau la route nationale qu'il côtoie sur la droite avant de s'engager dans le défilé de Pierre-Taillée qu'il passe à l'aide d'un souterrain de 390 mètres.

Immédiatement en avant du pont de l'Equilina, il franchit la Doire sur un viaduc de 290 mètres de longueur et se développe sur le flanc gauche de cette vallée en passant au-dessus de Champs et de Villaret, au-dessous du Villair pour revenir par un double lacet au-dessus de la Salle où il a été ménagé une station Pt 30 + 200 — (cote 1026.)

Au sortir de la station de la Salle, le tracé suit la vallée, passe le chemin de Morgex, contourne ce village, suit la route nationale, laisse Pré-Saint-Didier sur sa gauche, traverse le massif de Pallusieux par un tunnel de 650 mètres, passe sous Verrand, et atteint Courmayeur où a été ménagé un pallier de 1000 mètres pour y établir les services de la gare internationale Pt 39 + 815 — (cote 1202.)

Les divers services d'une telle gare sont assurés par une plateforme d'environ 12 hectares établie un peu en contrebas des prairies et au pied de la ville même de Courmayeur, dans des conditions climatologiques excellentes.

Au sortir de cette station le tracé franchit la route, puis le torrent de la Saxe, s'incline sur la gauche, traverse le torrent du Val Ferret sous Entrèves, et entre enfin dans le grand tunnel du « Col du Géant » au Pt 43 + 525 et à la (cote 1274) pour en sortir au Pt 55 + 600 à la (cote 1088.)

Le grand tunnel a donc une longueur de 12 kilomètres 75 mètres, soit 2 kilomètres 845 mètres de moins que celui du Gothard (14 kilomètres 920 mètres) et presque la même altitude (cote 1,145 mètres.)

On aurait pu foncer deux puits d'extraction à 1500 et 1600 mètres des têtes, mais il eût fallu les faire inclinés non verticalement pour gagner du terrain, c'eût été parfaitement possible, malgré la traversée en terrain schisteux et alumineux qui pourraient se rencontrer, car nous n'aurions à craindre ni les poussées, ni les infiltrations, attendu qu'à mesure du foncement des puits, les anneaux tubulaires en fer fondu suivraient et se poseraient immédiatement, ce qui fait que l'effritement des terrains ne serait plus à craindre par l'introduction de l'air ; remarquons aussi que les eaux seraient enlevées continuellement au moyen des machines établies *ad hoc ;* mais pour le moment, nous n'indiquons point de puits d'extraction, nous avons donc une longueur de 6040 mètres environ de percement pour chaque tête.

A la sortie du grand souterrain qui se trouve sur le versant de la montagne un peu au-dessus des lieux dits : Les Pèlerins, le tracé descend en pente moyenne de 0.014 et atteint la station de Chamonix au kilomètre 59 + 130 mètres (cote 1046) puis celles des Houches au kilomètre 66 + 150 (cote 947.)

Des Houches, le tracé descend la vallée de l'Arve, traverse le contrefort en face Servoz par trois tunnels, et après avoir traversé le Bornant atteint la station de Saint-Gervais établie au P^t^ 76 + 915 (cote 738.)

Le tracé passe sur un viaduc de 600 mètres, entre en tunnel, suit la vallée contournant les monts Joly et Arbois, et atteint Sallanches, station établie au P^t^ 85 + 780 (cote 738), puis continue à descendre sans grandes difficultés le cours de la vallée, et arrive avec de faibles déclivités et de minimes mouvements de terre à la station de Magland, P^t^ 95 + 775 (cote 518) et ensuite après avoir traversé l'Arve, entre en tunnel et en sort atteignant la station de Cluses point de jonction de la ligne « Bonneville-Annemasse » P^t^ 101 + 025 (cote 484.)

Le tracé, tel qu'il vient d'être décrit, présente certainement des difficultés, comme établissement, mais ces difficultés sont peu importantes ; il y aurait peut-être pour surmonter les ressauts brusques de Pré-Saint-Didier, Pierre-Taillée et Sallanches-Joux, à établir des tunnels à hélices au lieu d'une pente continue, mais il ne faut appliquer ces tunnels qu'autant que cela sera indispensable.

La longueur totale depuis Aoste jusqu'à Cluses est donc de 101 kilomètres 25 mètres.

Le tracé comporte 217 courbes et 217 alignements droits les raccordant, les rayons moindres sont de 500 mètres, 2 de 450 et un seul de 400 mètres.

Au point de vue du relief, la déclivité de 23 millimètres n'a jamais été atteinte et, encore, ces déclivités sont fréquemment coupées par des paliers pour en rendre la montée moins pénible.

Les tunnels sont en rampe et en pente excepté le grand tunnel du « Col du Géant » qui aura une pente uniforme de 0 mètre 0154.

Je comprends bien qu'il eût été préférable d'avoir pente et rampe non seulement comme facilités techniques mais beaucoup aussi pour l'écoulement des eaux, seulement les difficultés de travail sont largement compensées par un meilleur service d'exploitation et l'écoulement des eaux peut se faire tout aussi bien par un refoulement des machines fonctionnant pour le service thermique.

Les ouvrages d'art comprennent :

1° Les tunnels ;

2° Les travaux pour l'écoulement des eaux ;

3° Les travaux pour le rétablissement des communications interceptées ;

4° Les travaux de défense contre les neiges ou les éboulis.

En dehors du grand tunnel du « Col du Géant »,

d'une longueur de 12 kilomètres 75 mètres, la ligne comporte 24 tunnels secondaires d'une longueur total de 15,085 mètres dont :

1 Tunnel de	2,100 mètres.	
1 »	1,645 »	
3 »	800 à 1000 mètres.	
2 »	600 à 700 »	
3 »	400 à 600 »	
8 »	300 à 500 »	
6 »	100 à 300 »	

Les ouvrages d'art principaux comportent 5 grands viaducs pour la traversée de la Doire, du torrent Rhêmes, de l'Equilina, du Bornant et de l'Arve.

46 Ponts dont	9 de 15 à 20 m.	d'ouverture.
	3 de 10 à 15	»
	10 de 5 à 10	»
	12 de 4 à 5	»
	12 de 2 à 4	»

Les Stations sont au nombre de onze et seraient établies ainsi qu'il suit :

Kilom. 0.	Aoste.	(cote 577).
8 + 050.	Saint-Pierre . . .	(cote 679).
14 + 600.	Arvier	(cote 755).
36 + 200.	La Salle	(cote 1026).
39 + 815.	Courmayeur . . .	(cote 1202).

Kilom. 43 + 525.	Tête Sud du Grand Tunnel.	(cote 1274).
55 + 600.	Tête Nord id. .	(cote 1088)
59 + 130.	Chamonix	(cote 1046).
66 + 150.	Les Houches. . .	(cote 947).
76 + 915.	Saint-Gervais . .	(cote 738).
85 + 180.	Sallanches	(cote 594).
95 + 775.	Magland	(cote 518).
101 + 025.	Cluses	(cote 484),

Au point de vue des difficultés d'exécution la Vallée de la Doire Baltée ne présente rien d'insurmontable. Les terrains d'assiette sont bons et les tunnels sont prévus dans d'excellentes conditions.

Au Grand Tunnel du Géant de 12 kilom., en raison du massif superposé, la chaleur souterraine serait intolérable si nous n'avions prévu ce danger au moyen de l'application du nouveau système réfrigérant dû à M. l'Ingénieur G. Ritter.

La partie des Houches vers le Prarion sera coûteuse afin de bien l'asseoir dans une partie aussi déchiquetée et sujette à des avalanches de neiges et de rochers.

Les tunnels ne présentent pas de difficultés sérieuses. Il en est de même de toute la partie comprise entre Saint-Gervais et Sallanches. La partie restante de la descente sera onéreuse parce que les flancs sont plus abruptes et qu'elle nécessitera plusieurs petits tunnels dans des calcaires assez compactes.

En résumé, le tracé se trouve, en général, dans les meilleures conditions économiques possibles.

CHAPITRE XII

Estimation approximative de la ligne « Aoste-Cluses » par le Col du Géant.

Nous ne croyons pas qu'il soit bien nécessaire d'établir dans le présent travail, un devis complet pour chaque catégorie d'ouvrage, il nous semble pourtant indispensable de résumer à grands traits ce qui s'est fait jusqu'à présent pour la construction des grands tunnels, attendu l'importance que prennent de nos jours ce genre de travaux.

Pour établir nos devis nous nous sommes basés sur les exemples du Mont-Cenis, du Gothard, de l'Arlberg, nous avons majoré de 25 o/o tous ces prix, nous avons recherché le meilleur moyen de perforation et la méthode la plus pratique pour le percement des tunnels, certains ingénieurs préconisant la méthode avec galerie d'avancement à la base, d'autres préférant la méthode avec la galerie en calotte.

Au Mont-Cenis on a employé la première de ces

méthodes, au Saint-Gothard on a appliqué la deuxième. Pour le percement de l'Arlberg c'est la galerie de base qui a été adoptée.

Il est facile, avec le travail à la main pour le percement de la galerie d'avancement, de faire marcher d'un pas égal ce percement et les travaux d'élargissement et de maçonnerie, mais avec la rapidité que procure l'emploi des perforatrices, il devient indispensable, pour éviter des retards dans l'achèvement de l'œuvre, de multiplier les points d'attaque pour l'élargissement et de répartir les travaux de fouille et de chargement de déblais, de manière à n'avoir nulle part d'encombrement.

Au tunnel de l'Arlberg on a percé de distance en distance, à 50 ou 60 mètres les unes des autres, des cheminées verticales ; dès qu'une cheminée était percée jusqu'au Ciel de l'excavation définitive on en faisait partir deux petites galeries en calotte ; l'une en avant, l'autre en arrière, quand deux cheminées étaient ainsi réunies, on battait au large et on enlevait la calotte, on déblayait ensuite le petit stross dont l'épaisseur est comprise entre le sol de la galerie de faîte et le plafond de la galerie d'avancement, puis on enlevait les piédroits à droite et à gauche de cette galerie et on procédait immédiatement à l'exécution de la maçonnerie. Ce travail d'élargissement se faisait par anneaux de 8 mètres de long, distants de 32 mètres. On a, du côté Est, percé par mois, respectivement, environ 165 mètres et 180 mètres ; le front de la galerie d'avancement étant à 600 mètres environ en avant de la maçonnerie achevée. Du côté Ouest, où les roches étaient très mauvaises, les résultats ont été tout aussi bons. La voie est posée immédiatement sur la plate-forme de la galerie d'avancement et l'on n'a plus qu'à la riper contre l'un des piédroits quand le tunnel est achevé sur toute sa section.

Au Saint-Gothard, la galerie d'avancement était placée en calotte ; on élargissait à droite et à gauche, puis on levait le petit stross et l'on construisait la voûte. On attaquait ensuite le stross inférieur en deux moitiés dans le sens longitudinal, la première moitié, la cunette des stross enlevée, on construisait le piédroit, puis on enlevait la deuxième moitié, et l'on construisait le second piédroit. Mais il fallait que l'avancement restât en communication permanente, par voie ferrée, avec la plate-forme du Tunnel achevé ; la voie était donc divisée en trois étages, le plus élevé au niveau de la galerie en calotte, le plus bas au niveau de la plate forme définitive, avec un étage intermédiaire au niveau du petit stross. On avait essayé des élévateurs hydrauliques pour faire passer les wagons d'un étage à l'autre, mais ces appareils se détérioraient et fonctionnaient mal, de sorte que l'on dut revenir à l'emploi des rampes de raccordement, rampes dont le déplacement était long et coûteux et troublait le service des transports. En fait, on ne les déplaçait guère que tous les 500 mètres, de sorte qu'on avait à l'étage inférieur un retard de 500 mètres d'un côté à l'autre, et à l'étage intermédiaire une distance égale encore entre l'enlèvement de la seconde moitié du petit stross et le front de la cunette du même étage.

En ajoutant à ces 1,000 mètres la longueur des rampes, la distance à conserver entre les chantiers où l'on fait usage de la mine, d'une part, et les parties qui devaient rester à l'abri des coups de mine, d'autre part, telles que les rampes, les chantiers de maçonnerie, etc., et enfin, en tenant compte de la longueur occupée par les divers chantiers d'agrandissement, l'on est arrivé, pour un avancement mensuel de 150 mètres, à une distance totale de 2,365 mètres entre le front de la galerie de calotte et l'extrémité de la portion complètement achevée du tunnel ; avec ce système, une fois le percement fait, il restait 4,730 mètres à terminer, ce qui exigeait au moins douze mois de travail.

En somme, au Saint-Gothard, lorsque la rencontre des deux galeries a eu lieu, il restait à faire 3,919 mètres de voûte, 4,683 mètres de piédroit Ouest, et 5,544 mètres de piédroit Est. Le percement avait eu lieu, à peu de chose près, dans les délais convenus, tandis qu'il y a eu pour l'achèvement un retard de près d'un an sur ces délais.

A l'Arlberg, au contraire, le tunnel a gagné cinq mois après la rencontre des galeries.

Il résulte de cette comparaison que la méthode à galerie de base a, sur la méthode à galerie de faîte, une supériorité marquée au point de vue de la rapidité de l'achèvement, étant donné qu'on puisse employer la perforation mécanique et obtenir de forts avancements.

Cette méthode présente également un avantage sérieux au point de vue de la construction elle-même, dans les terrains difficiles donnant de fortes pressions ; elle permet, en effet, de construire les maçonneries d'un seul coup sur toute la section, puisqu'on en commence l'exécution par la partie inférieure. Avec la méthode à galerie de faîte il peut arriver, et il arrive, dans les terrains meubles, que la voûte s'abaisse au moment de l'enlèvement du stross et du déblaiement des piédroits ; il faut donc construire originairement la voûte un peu plus haut que la cote définitive et les mouvements de terrain qui se produisent au-dessus d'elle, lors de son affaissement, ont pour conséquence des pressions plus fortes que celles qu'elle aurait eu à supporter si elle n'avait pas bougé. Si, en outre, le terrain est plastique et exerce des pressions latérales, la voûte se déforme avant même qu'on ait commencé à travailler aux piédroits, et quelque soin qu'on prenne pour l'étrésillonner, il arrive parfois qu'on ne peut éviter des rétrécissements qui en rendent la conservation impossible. Ainsi, dans la mauvaise partie du tunnel du Saint-Gothard, sous la plaine d'Andermat on a constaté sur des points où les piédroits étaient exécutés, des abaissements d'un mètre à la clef, et dans les parties où l'on commençait seulement à enlever le stross, des rétrécissements de 1 à 2 mètres 20 au-dessous de la clef, correspondant à un rapprochement de 1 mètre 23 des naissances, il fallait refaire complètement ces maçonneries en commençant par les piédroits. Comme on est toujours exposé à rencontrer de mauvais terrains, il convient de prendre ses mesures en conséquence et de donner dans cette prévision la préférence à la méthode reconnue la meilleure.

Au point de vue de la dépense, il résulte de calculs spéciaux que si la méthode de galerie de faîte présente, par rapport à la méthode de galerie de base une certaine économie, cette économie est beaucoup plus théorique que réelle et serait à peine de 1 à 2 pour 100, mais qu'en fait, elle disparait complètement pour faire place, au contraire, à une augmentation de frais en raison de la difficulté plus grande du chargement et du transport des déblais, de l'évacuation des eaux, et de la nécessité où l'on est de déplacer plusieurs fois la voie et les conduites d'air et d'eau.

Enfin, comme on dispose de plus d'espace avec la méthode de galerie de base, puisqu'on ouvre plus rapidement le tunnel sur toute sa section, on peut comme on l'a fait à l'Arlberg, installer une conduite spéciale, de diamètre relativement considérable, pour amener une grande quantité d'air à faible pression et obtenir ainsi une ventilation des chantiers beaucoup meilleure que celle qu'on a pu réaliser au Gothard avec l'air à haute pression envoyé pour les perforatrices.

Pour le Tunnel du « Col du Géant » nous avons à l'étude *pratique* (les brevets sont pris) une « machine tranchante » à air comprimé qui supprimerait pour la galerie d'avancement l'usage de la poudre, et permettrait de doubler, au moins, l'avancement du travail de la petite galerie.

Le travail effectif serait, en déduisant les arrêts pour bris de marteaux, arbres, éclisses, boulons, courroies, les repos forcés pour changement de marche, réparations diverses, etc., de vingt heures par jour.

BIBLIOTHÈQUE NATIONALE R.F. IMPRIMÉS

La machine tranchante donnerait, marche normale, 100 tours à la minute.

La taille serait de 1/10 de millimètre par chaque tour, soit par chaque minute 0 m. 0100 et 0 m. 60 par heures, ou 12 mètres par jour!

Les deux attaques du Tunnel donneraient donc 24 mètres par jour, soit pour 25 jours effectifs par mois, un avancement de 600 mètres et pour une année de 300 jours de travail un avancement de 7,200 mètres, ce qui permettrait de percer le tunnel du Col du Géant qui a une longueur de 12 kilomètres 75 mètres en un an, huit mois, et de le terminer complètement en deux années et demie!

Mais en admettant les prix de l'Arlberg ne pouvant préciser exactement les bénéfices résultant de l'emploi de la « *machine tranchante* », et les majorations que nous indiquons plus haut, nous ne dépassons pas le prix de 3,400 francs le mètre courant de tunnel, y compris le revêtement de 0 mètre 46 en moyenne, compté sur toute la longueur du tunnel, y compris aussi les frais généraux, installations de machines, épuisements, élévations des têtes, divers, etc., ce qui met avec les frais d'administration, les intérêts pendant la construction, etc., le prix total à 3,700 francs le mètre courant.

Cet immense travail peut donc être complètement

terminé en moins de trois années en employant la *machine tranchante*, si l'on se sert au contraire des perforatrices ordinaires, l'on ne dépassera pas quatre années.

Les estimations d'une ligne ferrée à construire soit dans la vallée de la Doire, soit dans celle de l'Arve, n'ont jamais été établies bien scrupuleusement.

Divers ingénieurs ont indiqué des prix moyens variant depuis 300,000 francs jusque à 800,000 francs.

Nous avons pris comme base les grands travaux identiques de ces dernières années, et ce sont ces bases qui nous ont permis de deviser notre total de 95 millions pour une longueur de 101 kilomètres 25 mètres a double-voie à une dépense kilométrique de près de un million de francs que nous décomposons ainsi :

1° *Acquisition des Terrains.*

101 kil. 25 m. × 30 m. = 3,037,500 m.

soit en chiffres ronds :

300 hectares à 3,000 fr.	900,000	
Plus pour différences et divers.	50,000	
Total. . .	950,000	950,000

2° *Terrassements.*

67,000 m. × 50 m. = 3,350,000 mc.

à 2 fr. . . . , ...	6,700,000
A reporter :	7,650,000

Report : 7,650,000

3° *Murs de soutènement.*

48,500 m. à 18 fr. . . .	873,000	
Plus pour divers	27,000	
	900,000	900,000

4° *Souterrains.*

Le sous-détail des souterrains à deux voies donne : (Sous-détails Julien du P.-L.-M.)

1° Dans la roche facile sans revêtement.	789
2° Dans la roche dure, revêtement de la calotte sur 0 m. 33	891
3° Terrains sans consistance, pierrailles, marnes, etc., revêtement complet. .	1,350

1° *Grand Tunnel du Col du Géant.*

Soit : Gros œuvre, extraction et maçonnerie, installations de machines, épuisement des eaux, matériel, élévation des têtes, divers, etc.

A reporter : 8,550,000

	Report :	8,550,000
1° 12 kil 75 m. × 3,400 francs = 41,055,000. . . .	41,055,000	
2° *Trois grands ensemble,* environ : 4,000 m. × 1,200 = 4,800,000 . . , ...	4,800,000	
3° 24 *Tunnels secondaires de diverses longueurs.* Ensemble : 11,085 m. à 850 francs.	9,422,250	
Divers	722,750	
Total des Tunnels :	56,000,000	56,000,000

(Nota : Nous affirmons que les grands Tunnels peuvent se faire à beaucoup moins.)

5° *Viaducs,*

Cinq viaducs (suivant devis annexés) soit ensemble. 3,075,000

6° *Ouvrages d'art courants.*

Estimés chacun séparément suivant la hauteur des remblais (devis annexés). . 2,225,000

A reporter : 69,850,000

Report : 69,850,000

7° *Stations.*

(Suivant devis annexés).

Aoste	1 0,000	
Saint-Pierre.	59,000	
Arvier.	46,000	
La Salle	66,000	
Courmayeur (Gare Intern.).	875,000	
Chamonix.	114,000	
Les Houches	56,000	
Saint-Gervais	56,000	
Sallanches.	56,000	
Magland.	40,000	
Cluses.	72,000	
Total des Stations :	1,550,000	1,550,000

8° *Maisons de Gardes.*

30 du type n° 1 à 5,000 fr.	150,000	
30 du type n° 2 à 3,500 fr.	105,000	
Total, . .	255,000	255,000

9° *Guérites.*

100 à 400 francs, soit. 40,000

A reporter : 71,695,000

Report : 71,695,000

10° *Ballastage de la Voie.*

101 kil. 25 m. × 3 m. 90 c.	394,192	
Voies de garage. . . . , .	55,808	
Total. . .	450,000	
450,000 m. à 4 fr. le m. c., soit. .		1,800,000

11° *Voie.*

Fourniture et pose.		
2 × 101,025 m.	202,150	
Voies de garage.	47,850	
Total. . .	250,000	
Soit 250,000 m. à 20 fr. ci.		5,000,000

12° *Matériel fixe.*

101 kil. 25 m. × 4,500 =	454,837	
Divers	20,163	
Total. . .	475,000	475,000

13° *Puits.*

75 à 500 francs.	37,500	
Divers	2,500	
Total. . .	40,000	40,000

A reporter ; 79,010,000

	Report :	79,010,000

14° Passages à niveau.

26 à 350 francs.	9,100	
6 à 500 francs.	3,000	
Barrières de 32 passages.	16,000	
Plus pour divers	1,900	
Total. . .	30,000	30,000

15° Clôtures.

Sèches : 140,000 m. à 1 fr. 20	168,000	
Vives : 40,000 m. à 75 c.	105,000	
Stations : 12,000 m. à 4 f.	48,000	
Pour divers.	29,000	
Total. . .	350,000	350,000

16° Semis et Plantations.

Soit.		50,000

17° Télégraphe.

90 kil o à 250 fr. soit. .	22,500	
Tunnels 45 kil. à 3,000 francs, soit.	135,000	
Pour divers.	2,500	
Ensemble. . .	160,000	160,000
	A reporter :	79,600,000

	Report :	79,600,000
18° *Frais d'Administration*		
et personnel général . .	1,500,000	
Intérêts pendant la construction	13,500,000	
Divers	400,000	
Soit . .	15,400,000	15,400,000
Total général. . .		95,000,000

Récapitulation.

1° Acquisition des terrains	950,000
2° Terrassements	6,700,000
3° Murs de soutènement.	900,000
4° Souterrains.	56,000,000
5° Viaducs	3,075,000
6° Ouvrages d'art courants	2,225,000
7° Stations	1,550,000
8° Maisons de gardes.	255,000
9° Guérites	40,000
10° Ballastage de la voie.	1,800,000
11° Voie, fourniture et pose.	5,000,000
12° Matériel fixe	475,000
13° Puits.	40,000
A reporter :	79,010,000

Report :	79,010,000
14° Passages à niveau	30,000
15° Clôtures	350,000
16° Semis et plantations	50,000
17° Télégraphe.	160,000
18° Frais d'administration et personnel général. — Intérêts pendant la construction, divers, etc.	15,400,000
Total. . .	95,000,000

Soit en chiffres ronds, compris, administration, intérêts, faux frais, divers, etc., inhérents à chaque kilomètre :

1°	12 kil.	000 m.	à	3,700,000	fr.	44,400,000
2°	8 »	000	»	1,200,000	»	9,600,000
3°	8 »	400	»	1,000,000	»	8,400,000
4°	14 »	450	»	600,000	»	7,470,000
5°	22 »	000	»	500,000	»	11,000,000
6°	36 »	175	»	390,000	»	14,130,000
	101 kil.	025 m.				95,000,000

Soit une moyenne de 941,000 francs, le kilomètre, c'est-à-dire près d'un million de francs en moyenne, chiffre considérable, il est vrai, mais indispensable pour établir une ligne de premier ordre comme le doit être une percée centrale internationale des Alpes par le Col du Géant.

CONCLUSIONS

En résumé, si nous avons présenté à nos lecteurs, sous le nom de *percée du Col du Géant*, un nouveau projet de débouché à travers les Alpes centrales, c'est parce que nous ne voyons que ce moyen de résoudre la question économique si intense en France et en Italie et de combattre la concurrence que l'ouverture du Gothard fait tous les jours davantage à notre trafic national, tout en faveur de l'Allemagne et au détriment de notre réseau ferré.

La France a été la première à exécuter une percée des Alpes qui mette en communication notre pays avec l'Italie, c'est-à-dire le Nord avec le Midi. Le tunnel du Mont-Cenis a été le fruit d'une grande pensée et aurait suffi longtemps aux besoins de notre commerce et de notre industrie, si le Gothard conçu et exécuté par l'Allemagne ne fût pas venu compliquer la situation.

On s'aperçût alors que la nouvelle percée tendait à attirer à elle la plus grande partie du réseau du Nord et du Nord-Est, c'est-à-dire du trafic de l'Allemagne et de la Hollande, de la Belgique et de l'Angleterre, et même que nos ports et nos groupes industriels du Nord se trouvaient fatalement attirés à profiter de cette voie pour gagner de vitesse sur le Mont-Cenis.

Désormais, ce dernier, dépassé par son nouveau concurrent, le Gothard, de près de 100 kilomètres, se trouvait presque réduit à l'état de ligne locale, destinée à ne plus desservir que le Midi de la France, et les intérêts de cette région.

Dans une pareille situation, que restait-il à faire? Tout le monde comprit qu'il n'y avait plus qu'un moyen de recouvrer les avantages perdus par une concurrence désastreuse.

C'était évidemment de tracer une nouvelle percée entre les deux précédentes, c'est-à-dire au centre même des Alpes, à égale distance du Mont-Cenis et du Gothard.

Par ce moyen, on était assuré de gagner 150 kilomètres sur le Gothard, d'attirer sur le nouveau tracé la plus grande partie du trafic actuellement absorbé par le passage allemand, et de réaliser la vraie ligne internationale de Calais à Brindisi, la seule direction possible de la Malle des Indes, la vraie voie directe du Nord-Est au Sud-Ouest, dans la direction des Indes et de l'Extrême-Orient.

Tel est le plan adopté et le but de nos travaux et de nos études.

Notre premier projet était de percer les Alpes au Col Ferret (Grand Saint-Bernard) et de rejoindre ainsi la ligne de Calais-Paris avec celle de la vallée d'Aoste, par Ivrée, Plaisance et Brindisi ; mais nous avons vu que, faute d'avoir été comprise par les gouvernements de la Suisse française qui en eussent tiré les plus grands avantages, cette idée avait dû être momentanément retirée pour celle du Col du Géant qui, quoique n'en étant que le corollaire, présente des conditions encore meilleures.

La pensée d'un percement près le Mont-Blanc avait paru présenter d'abord des difficultés insurmontables au point de vue de la longueur du tunnel comme à celui de la hauteur des températures, et c'est ce qui nous avait engagé à lui préférer le Saint-Bernard.

Mais, aujourd'hui, à la suite d'études approfondies, basées sur l'expérience des percées du Gothard et de l'Arlberg, nous avons pu supprimer les inconvénients que présentait le projet primitif du Mont-Blanc et résoudre par le Col u Géant, le problème déjà posé.

Cette nouvelle percée présente des avantages, tant au point de vue de la France, qu'à celui de l'Italie.

Pour nous, c'est un projet essentiellement français qui n'a besoin d'emprunter aucun territoire étranger, fût-il neutre, jusqu'à l'entrée du tunnel de faîte.

Pour l'Italie, le projet du Col du Géant répond d'autant mieux à la concurrence du Gothard qu'il procure au Piémont des avantages dont la Lombardie a profité grâce à la ligne allemande. Il ouvre à son tour à Turin et à toute la riche industrie du pied des Alpes un débouché dont cette contrée a le plus grand besoin, au Nord, du côté de la France, et au Midi, du côté de la Méditerranée, par la voie ferrée du Col de Tende.

Cette dernière, actuellement en exécution, ne fait que compléter la grande ligne internationale, en lui ouvrant, du côté de Gibraltar et de l'Atlantique, une voie analogue à celle du canal de Suez et de l'Océan indien.

Tel est le projet que nous proposons actuellement et qu'appuient les hommes les plus compétents de France et d'Italie.

Tout fait donc espérer qu'après avoir pris connaissance de notre travail, les gouvernements intéressés ne tarderont pas à se prononcer activement et efficacement en faveur de cette grande œuvre, si importante par son actualité, et dotant l'Europe d'une nouvelle ligne internationale qui est indispensable pour compléter le réseau des voies ferrées de l'Ancien Monde.

M. DE VAUTHELERET,
Ingénieur.

Paris, Janvier 1890.

APPENDICE

Quelques documents annexes se rapportant au projet de la ligne ferrée centrale des Alpes avec jonction à la Méditerranée par le Col de Tende

Avril 1869. — *Chemin de fer par le Grand Saint-Bernard* (Col Menouve), par le baron M. de Vautheleret, ingénieur. — Brochure in-8. Turin.

Mai 1870. — *Chemin de fer économique de la vallée d'Aoste*, par le baron M. de Vautheleret, ingénieur. — Brochure in-8. Turin.

Août 1871. — *Les avantages d'un chemin de fer économique dans la vallée d'Aoste, d'Ivrée à Martigny, traversant le Grand Saint-Bernard*, par le baron M. de Vautheleret, ingénieur. — (2° édition). Imprimerie de l'Union typographique, éditrice. Turin.

« Le principal avantage d'accepter pour la vallée d'Aoste « un tel projet serait d'ouvrir une nouvelle voie par le Grand « Saint-Bernard, — passage direct de la Malle des Indes. »

Février 1871. — Délibérations favorables des communes de la Vallée d'Aoste en faveur d'un chemin de fer d'*Ivrée à Aoste* et *Aoste Saint-Bernard*, présenté par M. le baron de Vautheleret, ingénieur.

Châtillon, Torgnon, Antey, Saint-André,
Verrès, Chamois, Venays, Chambave,
Issognes, Pontey, Challand Saint-Anselme, etc., etc.

Février 1872. — Comité promoteur pour la construction de la ligne du Col de Tende :

MM. Comte E. d'Aspremont, Président.
Comte L. Célébrini,
Chevalier A. Bermond,
Comte J. del Borgo,
Marquis A. de Constantin,
L. Mayrargues,
Chevalier Laurenti-Roubaudi,
Chevalier Nicœus de Roubion,
Baron M. de Vautheleret, ingénieur.

Février 1874. — Lettre de M. le chevalier Moschetti, syndic de Cuneo, adressée à M. le baron de Vautheleret sur la ligne projetée du Col de Tende.

« S. E. M. le Ministre des Travaux publics m'engage à « réunir les communes intéressées à votre projet pour con- « naître le chiffre de leurs participations. »

« J'espère que nous arriverons ainsi à atteindre le but que « vous poursuivez avec tant de zèle. . . . . »

Août 1874. — Vote de la ville de Cuneo de la somme de un million de lires en faveur de la ligne projetée : « *Cuneo-Nice.* »

Août 1874. — Vote de la ville de Nice de la somme de un million de francs en faveur de la ligne projetée : « *Cuneo-Nice.* »

Mars 1875. — Lettre du général G. Garibaldi à M. le baron de Vautheleret :

« Votre tracé serait éminemment utile à nos provinces du « Piémont et de la Ligurie, mais plus particulièrement encore « à tout le Sud-Est de la France. . . . . »

Signé : GARIBALDI.

Mars 1875. — Lettre du général Garibaldi à M. le maire de Nice.

« je suis certain que vous procurerez un grand bienfait aux « populations de Nice, de Cuneo, et généralement à celles « du Midi de la France et du Nord de l'Italie en favorisant « le projet d'une ligne ferrée de Nice à Cuneo, ainsi que le « projet a été déjà étudié par le baron de Vautheleret . . .

Signé : GARIBALDI.

Mars 1875.—Lettre du général Garibaldi à M. le syndic de Cuneo :

« favorendo il progetto d'una via ferrata da Nizza a Cuneo « come gia fu studiata dal barone de Vautheleret, farete un « gran benefizio alla popolazione di Nizza e Cuneo. . . . .

Avril 1875. — Lettre de M. le Syndic de Cuneo au général Garibaldi :

« la jonction de Cuneo à Nice, au moyen d'une voie ferrée, « a toujours été le plus ardent désir de la population cunéséenne et l'objet d'une étude constante de ses adminis- « trateurs . . . . »

Décembre 1875. — Contrat passé entre M. le commandeur Biago Caranti, député au Parlement italien, M. le baron de Vautheleret, ingénieur, et M. F. Vernaud pour la construction de la ligne ferrée projetée entre Cunéo et Ventimiglia.

Mai 1876. — Décret d'autorisation d'études définitives par le Col de Tende en faveur de M. le baron M. de Vautheleret, ingénieur.

Mars 1878. — Lettre de S. M. Humbert Ier, Roi d'Italie, au Comité pour le chemin de fer d'Aoste.

« Le Roi, mon père, m'a souvent parlé de ces lieux, de l'af- « fection de ses habitants, ainsi que des intérêts stratégiques

« et économiques qui se rattachent à la construction d'un « chemin de fer pour lequel tant de communes de la vallée « d'Aoste ont fait de si nobles sacrifices. . . . . »

« Mon Gouvernement trouvera toujours en moi un ami tout « dévoué aux intérêts représentés par le Comité. »

Signé : HUMBERT.

Avril 1878. — Chemin de fer Subalpin, par le commandeur J. B. Borelli, député au Parlement italien. — Imprimerie Turinaise.

Juin 1878. — Approbation des études définitives faites par M. le baron M. de Vautheleret, ingénieur, pour la ligne du « Col de Tende », par le Conseil supérieur des Travaux publics, à Rome.

Janvier 1879. — Le *Grand Saint-Bernard* et le *Col de Tende*, par le baron M. de Vautheleret, ingénieur. — Imprimerie Anglo-Française. Nice.

Avril 1879. — Discours de M. le commandeur J. B. Borelli, à la Chambre des députés. Rome.

Juin 1879. — Discours de M. le marquis Compans de Brichanteau, à la Chambre des députés à Rome.

« e frattanto agli egregi ingegneri che sfidarono si molteplici « difficolta, si gravi sacrifizi, al distintissimo ingegnere Vau-

« theleret che ultimamente ancora rinnovava gli studi, et li « completava accuratamente, invio da questo seggio il saluto « della riconoscenza, l'augurio della prossima vittoria! . . .

Juin 1879. — « Chemin de fer *Cuneo-Ventimiglia-Nice*, » par M. le commandeur J.-B. Borelli. — Rome, imprimerie Sismondo.

« Il barone Vautheleret incontro l'approvazione del Consiglio « superiore al Ministero dei lavori publici e verano prese per « base de esame e di contratto da una potente casa di Parigi, « e fu segnato simultaneamento da un distinto economista e « publicista, in quel tempo Deputato, a nome dei communi « provincie interrassate e per altri affidamenti. . . . . . »

Juillet 1879. — Vote de la loi sur les Chemins de fer italiens, à Rome.

Février 1881. — Le *Grand Saint-Bernard*, ligne des Indes, par M. le baron de Vautheleret, ingénieur. — Imprimerie Kugelmann. Paris.

Juin 1881. — Vote et cession de terrains de la commune d'Apricale (Italie) en faveur de M. le baron de Vautheleret, ingénieur, pour son projet de ligne ferrée du Col de Tende.

Octobre 1881. — Le Grand Saint-Bernard. Ligne ferrée directe de *Londres* à *Brindisi*, par le baron M. de Vautheleret, ingénieur. — Imprimerie Chaix. Paris.

Novembre 1881. — Rapport favorable de M. le chevalier Locarni, à la Chambre de commerce de Turin, sur le projet d'un chemin de fer par le Grand Saint-Bernard (baron M. de Vautheleret, ingénieur).

Novembre 1881. — Le *Grand Saint-Bernard* avec jonction au *Col de Tende*, par le baron M. de Vautheleret, ingénieur. — Imprimerie Kugelmann. Paris.

Décembre 1881. — Ligne directe de *Londres* à *Brindisi*, par le baron. M. de Vautheleret, ingénieur. — Imprimerie Malvano. Nice.

Septembre 1882. — Publication de la Chambre de commerce de Turin (Brochure in-8).

Octobre 1882. — Comité promoteur pour une percée centrale des Alpes par le Grand Saint-Bernard formé sous les auspices de la Chambre de commerce et arts de Turin.

M. le Chevalier E. Sormani, Président de la Chambre.
Chevalier Locarni, Vice-Président de la Chambre.
Chevalier Sclopis, ingénieur.
Chevalier Auxilia, membre de la commission.

M. le Chevalier Baglietto, Président de la Chambre de Savone.

Baron Dr A Marazio, député de Santhia.

Chevalier L. Guala, député de Vercelli.

Chevalier J. Faldella, député de Crescentino.

Comte L. Ferraris, sénateur, syndic de Turin.

Commandeur V. Zoppi, sénateur, syndic d'Alexandrie.

Chevalier D. A. Marca, syndic de Savone.

Commandeur C. Borella, ingénieur, conseiller provincial.

Commandeur L. Rey, membre de la Chambre.

Chevalier A. Abbate, membre de la Chambre.

A. Carino-Legna, membre de la Chambre.

Commandeur J. Ferrero, Sécretaire de la Chambre.

Novembre 1882. — Ligne ferrée Internationale des Alpes, par le baron M. de Vautheleret, ingénieur.

(Imprimerie Kugelmann. Paris.)

« Les questions politiques pures n'existent guère ; aujour-« d'hui les vraies questions politiques se confondent avec les « grandes combinaisons commerciales et sont résolues par la « science et par le travail.

Janvier 1883. — Séance de la Chambre de commerce de Turin.

Vote en faveur du projet de Vautheleret, par le Grand Saint-Bernard.

Janvier 1883. — Vote des communes de la vallée de la

Nervia, Bajardo, Perinaldo, etc., en faveur du projet « Cuneo-Ventimiglia », présenté par M. le baron de Vautheleret, ingénieur.

Février 1883. — Lettre de M. le Président de la Chambre de commerce de Turin à M. le baron de Vautheleret.

« Le rapport sur votre projet, par M. le chevalier Locarni, « a été très favorable, et la Chambre après avoir pris con- « naissance du projet, a adopté l'ordre du jour suivant :

« La Chambre charge sa Présidence de remercier chaleu- « reusement M. le baron Ingénieur Marius de Vautheleret « pour la gracieuse communication de son projet de ligne « internationale par le Grand Saint-Bernard, et de faire les « démarches nécessaires pour réaliser l'idée soutenue par la « Chambre à propos de ce nouveau percement des Alpes. .

Mars 1883. — Lettre de M. le baron de Vautheleret à M. le Président de la Chambre de Commerce de Turin.

Mars 1883. — Lettre de M. le baron de Vautheleret à MM. les Conseillers municipaux de Paris, sur un nouveau percement des Alpes.

« Ce projet a déjà eu tant en Angleterre qu'en Italie l'appui « du Commerce et de l'Industrie. J'espère qu'en France où « les avantages qu'il présente sont bien plus grands, il saura « trouver un appui auprès de la nation comme auprès des « Pouvoirs Publics. . . . .

Avril 1883. — Contrat signé entre S. E. le ministre des Travaux Publics, à Rome, et M. le baron de Vautheleret, Ingénieur, pour la construction du premier tronçon de la ligne Cuneo-Ventimiglia.

Avril 1883. — Mise en œuvre des Travaux de la ligne « Cuneo-Borgo San-Dalmazzo. »

Octobre 1883. — Chemin de fer « Cuneo-Nice » par le baron M. de Vautheleret, Ingénieur, brochure in-8. (Imprimerie Joseph Kugelmann, Paris).

Octobre 1883. — Lettre de M. le commandeur J.-B. Borelli, Sénateur du Royaume d'Italie à M. le baron M. de Vautheleret.

« Dans vos larges vues d'ensemble vous avez relié la ligne « Cuneo-Nice avec votre grandiose projet d'une autre ligne « internationale. . . . .

« S. M. Humbert Ier vous a exprimé dans cette occasion « sa haute satisfaction en vous comblant d'éloges. . . . .

Février 1884. — Lettre de M. le comte Ferdinand de Lesseps à M. le baron M. de Vautheleret.

« Chacun reconnaît qu'il faut à la France un nouveau « débouché à travers les Alpes. . . . .

« En lisant votre brochure, en examinant les cartes, et en

« faisant appel à mes propres souvenirs, la percée projetée « par le Grand Saint-Bernard, me semble devoir être prise « en sérieuse considération. . . . .

« Ce serait une œuvre qui se recommande au patriotisme « de tous, et à l'attention sérieuse de notre Gouvernement. »

Février 1884. — Le *Grand Saint-Bernard* par le baron M. de Vautheleret, Ingénieur, (Imprimerie Kugelmann, Paris.)

Mars 1884. — Conférence faite à la Société de Géographie de Boulogne-sur-Mer, par M. le baron de Vautheleret, Ingénieur.

Mars 1884. — Conférence faite au Grand Théâtre de Calais sous les auspices de la Société de Géographie de Calais, par M. le baron M. de Vautheleret, Ingénieur.

Mars 1884. — Conférence faite à la Bourse de Commerce de Dunkerque, par le baron M. de Vautheleret, Ingénieur

---

Avril 1884. — Société de Topographie de France, conférence faite par M. le baron de Vautheleret, Ingénieur.

Avril 1884. — Société des Ingénieurs civils de France. Communication faite par M. le baron de Vautheleret, Ingénieur.

Janvier 1885. — Adresse aux Conseils Provinciaux de Cuneo, Turin et Porto Maurizio, pour la construction de la ligne du « Col de Tende. »

Avril 1885. — Vote du Conseil général du département de l'Ain, en faveur d'une percée des Alpes par le grand Saint-Bernard.

Juin 1885. — Conférence faite au Grand Théâtre de Besançon par M. le baron de Vautheleret, Ingénieur.

Juin 1885. — Conférence faite à la mairie de Belfort, par M. le baron de Vautheleret, Ingénieur.

Juillet 1885. — Conférence faite à la mairie d'Epinal, par M. le baron de Vautheleret, Ingénieur.

Octobre 1885. — Société de Géographie de Lyon, conférence faite par M. le baron de Vautheleret, Ingénieur.

Janvier 1886. — Lettre de M. E. Villevert, Ingénieur, à M. le baron de Vautheleret, Ingénieur.

« 70 millions de perte annuelle, voilà ce que coûtera à la « France la non-exécution du percement du Grand Saint-« Bernard . . . .

« L'Italie, la Suisse y perdront davantage. . . . . .

Juin 1886. — Lettre de S. A. R. le prince de Monaco adressée à M. le baron de Vautheleret, Ingénieur, sur son projet de chemin de fer « Grand Saint-Bernard » « Col de Tende. »

. . . .

« Son Altesse Sérénissime, qui a conservé le meilleur sou-
« venir de ses relations avec vous, me charge de vous faire
« connaitre qu'elle vous sait infiniment gré de Lui avoir pro-
« curé la satisfaction de prendre connaissance d'une publica-
« tion qui traite une question des plus intéressantes pour le
« Littoral et pour la Principauté. »

Juillet 1886. — Les nouvelles percées Alpines, par le Commandant J. Richard, vice-président de la Société de Topographie de France.

« Le grand public est doué de bon sens pratique et de
« patriotisme. . . . .

« Il appréciera l'urgence de l'exécution du *meilleur projet*
« qui ait été étudié pour une percée Alpine Centrale. . .

« Il sait d'ailleurs que si, parfois, les longues patiences sont
« nécessaires, il faut, en affaires commerciales, et indus-
« trielles, faire *vite* et *bien*. . . . .

« Il donnera donc immédiatement un appui moral et effectif
« à une œuvre destinée à atténuer la crise économique actuelle,
« tout en devenant un nouveau trait d'union entre les races
« latines ! . . . . »

Juillet 1886. — Vote de Martigny et communes du district en faveur du projet de Ligne ferrée des Alpes, par le Grand Saint-Bernard.

Août 1886. — Lettre de M. Faye, membre de l'Académie des Sciences, adressée à M. le baron de Vautheleret, Ingénieur, sur son projet de chemin de fer du passage des Alpes par le Grand Saint-Bernard.

Août 1886. — Lettre de M. le député Pochon, adressée à M. le baron de Vautheleret, Ingénieur, sur son projet du Grand Saint-Bernard.

Octobre 1886. — Conférence faite à la mairie de Rouen, sous les auspices de la Société de Géographie, par M. le baron de Vautheleret, Ingénieur.

Mars 1887. — *Nuovo valico internazionale* intermedio fra il Frejus ed il Gottardo.

Chambre de Commerce et Arts de Turin.

(Séance du 22 mars 1887.)

Délibération de la Chambre.

« La Chambre,

« Udito il rapporto della propria commissione sui public « servizi di trasporti e di corrispondenze, ne adotta le osser-

« vazioni e le conclusioni, ed affida alla Presidenza di caldamente raccomandarle alla considerazione delle Loro Eccellenze i Ministri d'agricoltura, Industria e Commercio e dei Lavori Publici, nonchè di darne communicazione agli Enti piu spécialmenteinterressati ed ai Membri del Comitato pel valico del Monte Bianco-Gran San Bernardo. »

Mai 1887. — Les anciennes voies Romaines et leur corrélation avec nos grandes lignes ferrées actuelles.

Congrès des Sociétés Savantes, à la Sorbonne (2 mai 1887). Communication faite par le baron de Vautheleret, Ingénieur, vice-président de la Société de Topographie de France.

« . . . .

« Nous pourrions citer à l'infini, mais ces quelques exemples suffisent à démontrer amplement la corrélation qui existe entre le sentier primitif, *iter* qui devient *actus*, ou chemin, puis route ou *via*, enfin grand ligne de fer internationale. . . . .

Août 1887. Décret d'autorisation d'Etudes définitives par le Col du Géant.

En date à Rome du 27 août 1887 prorogé au 27 février 1889.

BIBLIOTHÈQUE NATIONALE R.F. IMPRIMÉS

TABLE

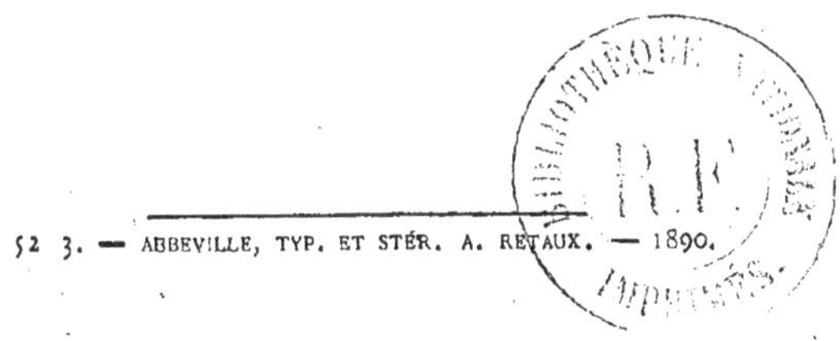

523. — ABBEVILLE, TYP. ET STÉR. A. RETAUX. — 1890.

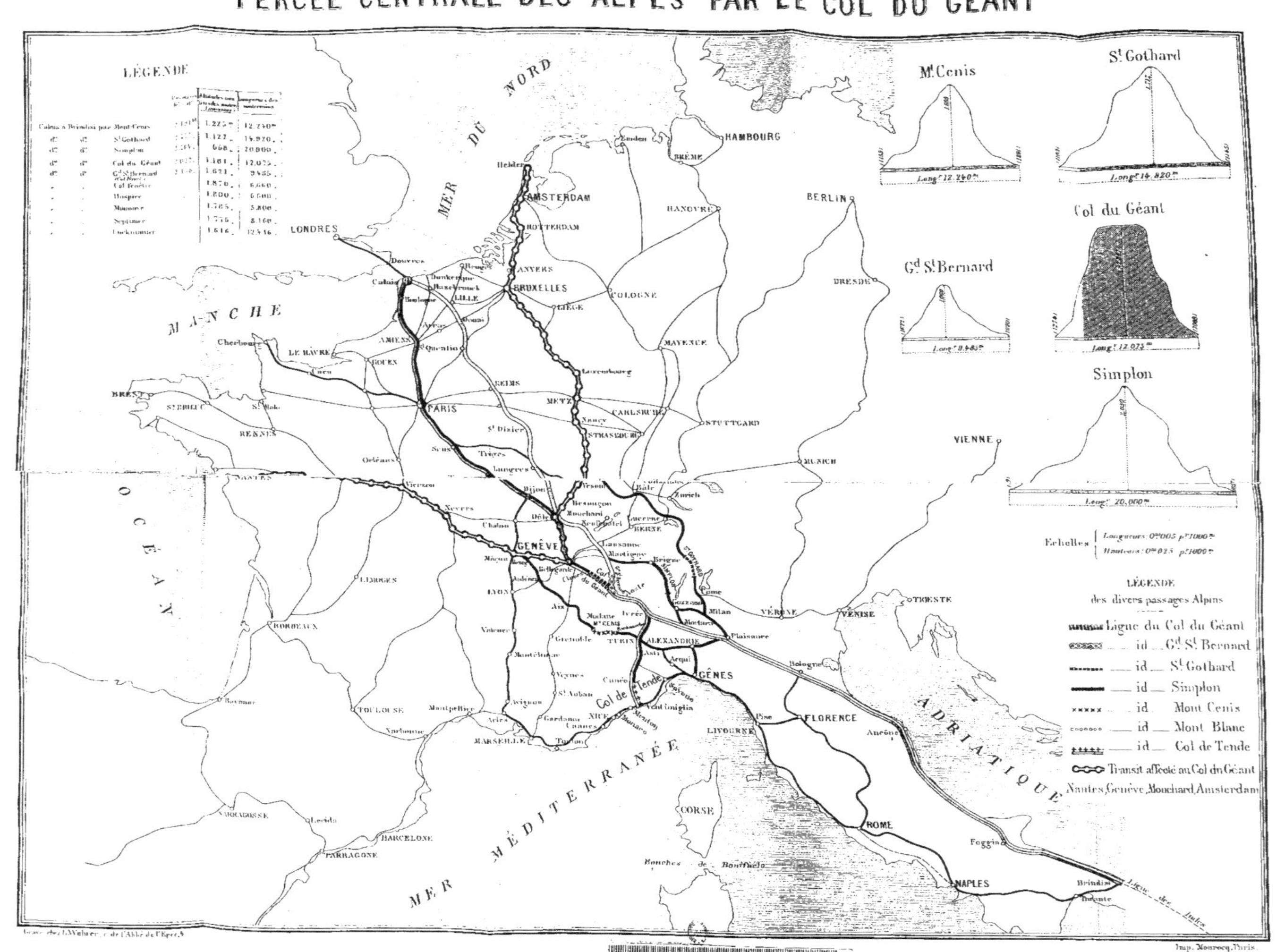

PERCÉE CENTRALE DES ALPES PAR LE COL DU GÉANT
LÉGENDE
Calais à Brindisi par Mont-Cenis 1.225m 12.240m
d° d° St Gothard 1.127 14.920
d° d° Simplon 668 20.000
d° d° Col du Géant 1.181 12.075
d° d° Gd St Bernard 1.621 9.485
Col Fenêtre 1.870 6.660
Hospice 1.800 6.600
Menouve 1.765 5.800
Septimer 1.776 8.160
Lukmanier 1.616 12.516
Mt Cenis
Long r 12.240m
St Gothard
Long r 14.820m
Gd St Bernard
Col du Géant
Long r 12.075m
Simplon
Long r 20.000m
Echelles
Longueurs 0m005 p. 1000m
Hauteurs 0m025 p. 1000m
LÉGENDE
des divers passages Alpins
Ligne du Col du Géant
id Gd St Bernard
id St Gothard
id Simplon
id Mont Cenis
id Mont Blanc
id Col de Tende
Transit affecté au Col du Géant
Nantes, Genève, Mouchard, Amsterdam
MER DU NORD
MANCHE
OCÉAN
MER MÉDITERRANÉE
ADRIATIQUE
LONDRES
Douvres
Calais
Boulogne
Dunkerque
Hazebrouck
LILLE
Bruges
ANVERS
BRUXELLES
ROTTERDAM
AMSTERDAM
Helder
Emden
BRÊME
HAMBOURG
HANOVRE
BERLIN
DRESDE
COLOGNE
LIÈGE
MAYENCE
Luxembourg
METZ
Nancy
STRASBOURG
CARLSRUHE
STUTTGARD
MUNICH
VIENNE
Cherbourg
LE HAVRE
ROUEN
Caen
AMIENS
Arras
St Quentin
Douai
REIMS
PARIS
St Dizier
Sens
Troyes
Langres
Orléans
BREST
St BRIEUC
St Malo
RENNES
NANTES
Vierzon
Nevers
Dijon
Besançon
Mouchard
Dôle
Chalon
Bâle
Zurich
Lucerne
BERNE
Lausanne
Martigny
Brigue
GENÈVE
Mâcon
Bellegarde
Ambérieu
LYON
Col du Géant
Aoste
SIMPLON
St GOTHARD
Côme
Milan
Aix
Modane
Mt CENIS
Ivrée
Grenoble
TURIN
ALEXANDRIE
Plaisance
Asti
Acqui
GÊNES
Savone
Vintimiglia
Col de Tende
Cunéo
Valence
Montélimar
Veynes
St Auban
Avignon
Gardanne
Cannes
NICE
Menton
Monaco
Toulon
Arles
MARSEILLE
Montpellier
Narbonne
TOULOUSE
LIMOGES
BORDEAUX
Bayonne
SARAGOSSE
Lérida
BARCELONE
TARRAGONE
VÉRONE
VENISE
TRIESTE
Bologne
Pise
FLORENCE
LIVOURNE
Ancône
CORSE
Bouches de Bonifacio
ROME
Foggia
NAPLES
Brindisi
Otrante
Ligne des Indes
Imp. Monrocq, Paris.

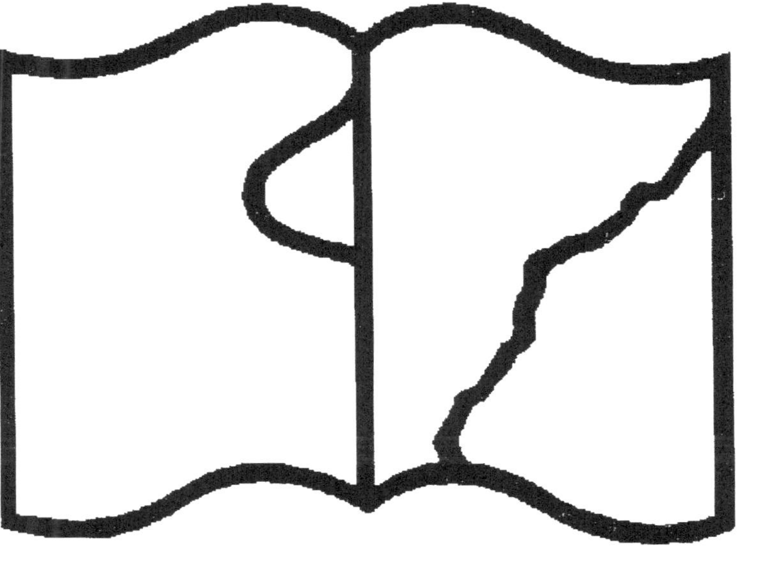

Texte détérioré - reliure défectueuse

NF Z 43-120-11

A B

Contraste insuffisant

NF Z 43-120-14

www.ingramcontent.com/pod-product-compliance
Ingram Content Group UK Ltd.
Pitfield, Milton Keynes, MK11 3LW, UK
UKHW020339230726
13925UKWH00003B/869

9 782013 659444